RENLEI

FAMINGSHI SHANG

WEIDA DE GONGXIAN

BENSHU
BIANXIEZU
BIAN

人类
发明史上
伟大的贡献

本书编写组◎编

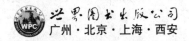
世界图书出版公司
广州·北京·上海·西安

图书在版编目（CIP）数据

人类发明史上伟大的贡献／《人类发明史上伟大的
贡献》编写组编. —广州：广东世界图书出版公司，
2010.3 （2024.2 重印）

ISBN 978－7－5100－2044－5

Ⅰ. ①人… Ⅱ. ①人… Ⅲ. ①创造发明－世界－青少
年读物 Ⅳ. ①N19－49

中国版本图书馆 CIP 数据核字（2010）第 049967 号

书　　名	人类发明史上伟大的贡献
	RENLEI FAMINGSHI SHANG WEIDA DE GONGXIAN
编　　者	《人类发明史上伟大的贡献》编写组
责任编辑	韩海霞
装帧设计	三棵树设计工作组
出版发行	世界图书出版有限公司　世界图书出版广东有限公司
地　　址	广州市海珠区新港西路大江冲 25 号
邮　　编	510300
电　　话	020-84452179
网　　址	http://www.gdst.com.cn
邮　　箱	wpc_gdst@163.com
经　　销	新华书店
印　　刷	唐山富达印务有限公司
开　　本	787mm×1092mm　1/16
印　　张	10
字　　数	120 千字
版　　次	2010 年 3 月第 1 版　2024 年 2 月第 12 次印刷
国际书号	ISBN　978-7-5100-2044-5
定　　价	48.00 元

版权所有　翻印必究
（如有印装错误，请与出版社联系）

前　言

　　人类发明史上的伟大创造，为人类认识自然、征服自然作出了重大贡献。计算机的诞生、互联网的发明，把人类推向一个崭新的信息化时代；人造卫星的升空、宇宙飞船的上天，以及对月球、火星等的成功探测，都是人类的伟大壮举；原子弹、氢弹、隐身武器等的问世，大大增强了现代国防的威力；几何、方程式、规范场理论以及镭的出现，使学科界掀起轩然大波；X射线、胰岛素、抗菌素、遗传基因、细胞工程的的诞生，让医学生物科学突飞猛进；衣食住行领域的发明创造，使人们的生活发生了空前的改变……

　　回顾科学的历史，我们不难发现，在一个个重大发明创造的背后，都有着一段段艰苦不懈的奋斗历程，也诠释了一个个科学巨人不畏艰辛，不怕困难，勇于探索的精神。他们不为名、不为利，仅仅抱着对科学和生活的热爱，用了几年、几十年，甚至一生的时间为社会的发展、为国家的昌盛、为人类的腾飞搞发明、搞创造。《人类发明史上伟大的贡献》正是从这样一个侧面让读者来领略科学的辉煌，并在兴趣盎然的阅读中获得科学知识，得到启迪，受到鼓舞，从而树立正确的人生观和价值观。

　　少年智则国智，少年富则国富，少年强则国强，少年独立则国独立，少年自由则国自由，少年进步则国进步。青少年正是学习知识，树立人生观的黄金阶段。只有端正了思想，才知道学习的真谛是什么。本书宗旨让青少年从中吸取科学家们精神，提升他们的精神境界，让他们更清醒的认识到，做一位对社会有用的人，努力学习知识，用学到的知识，为更多的人造福。只有这样，我们的地球家园才会和谐温馨，越来越美；我们的生活才会更加幸福甜蜜，绚丽多彩；从而激励青少年去攀登新的科学高峰，去创造世界美好的明天！这就是本书的初衷所在。

目 录
Contents

人类发明史上伟大的贡献

RENLEIFAMINGSHISHANGWEIDADEGONGXIAN

学科篇

东方第一几何学家

　　苏步青教授是国际上公认的几何学权威，他在仿射几何与仿射微分几何上取得的出色研究成果，至今在国际数学界占有无可争辩的地位。他在我国数学研究与教育的发展上功勋卓著，由于他对我国科学教育事业作出了巨大贡献，1988 年 4 月，被选为我国政协副主席。

　　1902 年 9 月 23 日，苏步青出生于浙江省平阳县。苏步青的父亲在平阳县带溪村务农。由于家境贫寒苏步青到了入学的年龄未能上学，当他放牛路过村里的私塾时，经常在课堂外悄悄地"旁听"。父亲发现他这样好学，就挤出钱来让他上学。

　　1911 年，9 岁的苏步青到离家 50 多千米的县第一小学当了一名插班生。县城的

苏步青

各方面都使他好奇，由于贪玩，期末考试得了班上倒数第一。

第二年转学到家乡附近的小学，由于仍不用功，又来自贫苦的家庭，一些教师对他另眼相看。一次苏步青写了一篇很好的作文，语文老师竟怀疑是抄袭的，这使苏步青心中愤愤不平。对此他不能正确对待，反而以不努力学习来表示不满。

正当他学习成绩每况愈下时，遇到一位新调来的老师，老师开导他说："你的天份不差……只要努力学习，一定会成为有用的人才。"苏步青听后开了窍，从此开始奋发图强、用功读书。

苏步青开始抓紧时间学习，课余放牛时，还骑在牛背上背诵一首首唐诗。他步行几小时，去亲戚家借来《康熙字典》查不认识的字。很快，他的学习成绩一跃而为全班第一。从此第一名的荣誉一直保持到他中学毕业。

1914 年，12 岁的苏步青以优异成绩，考入温州省立十中。

苏步青最初的爱好是在文史方面，同学们还戏称他为"文人"，他本人也曾立志在文史方面深造。

1915 年，在初二就读的苏步青，又遇到一位杨老师。他刚从日本留学回国，发现苏步青虽然文史功底很深，但如果学数学更有发展前途。于是鼓励他多钻研数学，并经常辅导他。当时正兴起"新文化运动"，"科学救国"的呼声很高。在这种情况下，苏步青对数学的兴趣与日俱增，立下了专攻数学的志向。

"三角形三内角之和等于180°"这个定理，苏步青曾设法用20种不同的方法来证明。他把这些结果写成论文，送到浙江省学生作业展览会去展出，获得好评。

当时洪校长兼教平面几何课，他对苏步青的才能十分器重，决定资助他东渡日本留学深造。

苏步青中学毕业时，洪校长已到北京教育部任职。他寄来银元 200 元，资助他留日。

1919 年 7 月，苏步青从上海乘船赴日本。为了尽快进入可以得到奖学金的学校，最初他考入了东京高等工业学校电机系。1924 年，他又以第一名的成绩考入设在仙台市的日本东北帝国大学数学系，开始了漫长的数学生涯。在校时，他曾把爱德华《微分学》中的 1 万道习题全部做过，为日后的数学研究奠定了坚实的基础。

在仙台，苏步青结识了中国现代数学的另一位大师陈建功。陈建功是 1923 年在该校毕业的学长，1926 年又再次前来读研究生。他们两人相约，回国后一起创办高水平的数学系。在 30 年代初，学成归国的苏步青与陈建功一起，为浙江大学数学系的腾飞竭尽全力。在帝国大学的校史上，有这两名中国留学生为该校增添光彩的记载。

1927 年，苏步青的第一篇论文发表，引起全校的轰动。当年他免试直升该校研究生院，并破例当上该校的讲师。

在不断取得研究成果的同时，苏步青结识了松本米子小姐，并于 1928 年与她喜结良

苏步青在日本东北大学学术报告会上

缘。此后两人 60 年如一日，同甘共苦。松本女士为苏步青事业的成功默默无闻地奉献，令苏步青难以忘怀。

1931 年，苏步青的 200 余页的博士论文通过答辩，是中国继陈建功之后获得日本理学博士的第二人。同时他在国际数学刊物发表了数十篇微分几何方面的高水平论文，令国际数学界瞩目，被推崇为"东方国度升起的灿烂数学明星"。

荣获博士学位的苏步青，婉言谢绝了国内外一些条件优越大学的聘请，履行诺言，来到先期回国的陈建功所在的浙江大学数学系。数学系的基础薄弱，条件艰苦，有时几个月开不出工资。但经过陈、苏二人的努力，浙

大数学系逐渐成为中国重要的数学中心之一。

1932年，陈建功让贤，推荐到职1年的苏步青为数学系主任。

在30年代中期，苏步青是发表论文最多的中国数学家之一。1935年他与陈建功等当选为中国数学会首批理事，并被推举为《中国数学会学报》主编。由于主持编辑出版工作出色，受到国内外数学界的赞扬。

抗战爆发后，浙江大学被迫内迁。辗转2500多千米，最后在贵州湄潭的山沟里继续办学。敌机在轰炸，苏步青在山洞为学生讲课，他说"山洞虽小，但数学的天地广阔。现在，数学讨论班照常进行"。讨论班是陈建功与苏步青从国外引进的一种教学形式，对培养学生能力、教学相长行之有效，一直流传到现在。

苏步青与他的学生，在微分几何上取得一系列成果，在浙江大学建立了一个以他为首的微分几何学派。德国著名数学家布拉什凯说："苏步青是东方首屈一指的几何学家。"

1948年，他任浙江大学训导长，利用合法身份营救过一些被捕的进步学生。1949年春节，苏步青收到地下党寄给他的贺年片，使他激动不

毛主席与苏步青亲切握手

已。解放后，他老当益壮，为祖国的数学研究教育事业呕心沥血。

1952年，全国高校院系大调整，苏步青与陈建功一起调到上海复旦大学。在他们的努力下，复旦大学数学系成为全国又一个高水平的数学中心。

"十年浩劫"使苏步青受到残酷的折磨。但他忍辱负重，在江南造船厂劳动期间，想工人所想，用现代数学理论解决船体放样问题，取得杰出成果，在1978年全国科学大会荣获重大科技成果奖。

苏步青还进一步指导学生，把基础数学的理论应用于汽车、建筑、服

人类发明史上伟大的贡献

RENLEIFAMINGSHISHANGWEIDADEGONGXIAN

装等行业的计算机辅助设计中去。他与学生合著的《计算几何》是该领域我国第一本专著，还被译成英文在美国出版。

在80年代，耄耋之年的苏老，不仅在基础数学与应用技术的结合上尽心竭力，而且不辞辛劳地关注数学教育事业的发展，多次主动为上海中学数学教师举办讲座，使后起之秀得益匪浅。他执教几十年，为中国培育出大批数学人才。

由于苏步青的学识渊博，江泽民主席也经常向他请教。一次，出于对模糊数学的浓厚兴趣，江主席打电话向他询问有关概念，苏步青作了说明，并寄去一本模糊数学的著作，江主席很快就复信表示谢意。

■ 华罗庚与中国数学同在

华罗庚是我国现代最杰出的数学家之一，他的名字已列入国际著名科学家的史册。这位在困难条件下自学成才的著名科学家，不仅在数学理论的许多领域取得令世人瞩目的成果，而且在把数学理论与生产实践紧密结合上作出巨大贡献，在推广"优选法"与"统筹法"上为祖国取得显著的经济效益。

华罗庚

1910年11月12日华罗庚生于江苏金坛。父亲经营一个小杂货店。

1922年，华罗庚读完小学，金坛县立初级中学（简称金坛初中）恰好在当年创办。华罗庚有幸成了第一班的学生。

初一时，华罗庚贪玩，数学是

经过补考才及格的。但从初二开始，他知道用功了，学习成绩一直名列前茅。

华罗庚在做数学练习时，不断改进并简化自己的解法。老师王维克从中看出华罗庚是一个肯动脑筋并有创见的学生，从此开始关心并培养他。

初中毕业时，华罗庚由于家境贫寒未能进高中深造。1925年他考入上海中华职业学校商科（两年制）。在校期间，他参加了上海市珠算比赛，荣获第一名。他以前在家里帮助算账时经常打算盘，又在珠算中对乘除进行了简化，再加上他很擅长口算，因此在珠算高手如林的上海脱颖而出。

在上海职校，英文老师邹韬奋的罚站教学法给华罗庚留下难忘的印象。学生回答不出提问，利用罚站来敦促学生用功学习，还真见效。在50年代华罗庚讨论班上也沿用此法，据说此法使罚站学生得益匪浅。

由于家庭经济原因，华罗庚学了一年半就离校，回家帮助父亲经营小店。他在店中利用干活、记帐之余，抽空继续钻研数学。有时入了迷，甚至把算题的结果当做应付的货款额告知顾客，使顾客吓了一跳。

父亲又气又急，说他念"天书"念呆了，硬是要把书烧掉。发生这种争执时，华罗庚死死抱着书本不放。

华罗庚开始学习数学时，只有一本几何书、一本代数书和一本薄薄50页的微积分。但这也有好处，这就使他养成遇到疑难就动脑筋思考的习惯。

1927年，华罗庚与吴筱元女士结婚，从此一起渡过了50多年的岁月。吴女士，廉洁奉公，在华罗庚成名后，如果她单独外出，从来不坐华罗庚的专用小汽车，而是坚持乘公共汽车。

1928年，华罗庚得了一场重病，卧床半年，后来病虽然好了，但左腿却形成残疾。直到1946年在美国成功地动了手术，使两腿可以靠拢，从而基本上可以与正常人一样行走了。

华罗庚左腿的残疾，促使他坚定了攻读数学的信念。

1929年，上海《科学》杂志发表了华罗庚的第一篇论文。

早在1926年，在《学艺》杂志上苏家驹发表了一篇名为《代数的五次方程式之解法》的论文。论文宣称，已找到了把五次方程的解由它系数的四则与根式运算表示的方法。但阿贝尔在1816年早已证明这是不可能的。

苏家驹也了解阿贝尔的这个结论，但他经过几年思考，"似得一可解之法"。苏家驹这篇文章的破绽，数学水平高的人早已看出，其中之一便是熊庆来，但似乎觉得不值得亲自写文章指出来。

$$X^2 + X - 1 = 0$$

$$x = \frac{-1 + \sqrt{5}}{2} \approx 0.618 ; \quad x = \frac{-1 - \sqrt{5}}{2} \approx -1.618$$

$$X^2 - X - 1 = 0$$

$$x = \frac{-1 + \sqrt{5}}{2} \approx 0.618 ; \quad x = \frac{1 - \sqrt{5}}{2} \approx -0.618$$

五次对称性的特征是 $\dfrac{360°}{5} = 72°$

华罗庚的第二篇论文《苏家驹之代数的五次方程式解法不能成立的理由》，1930 年发表在《科学》杂志上。正是这篇文章，引起当时清华大学数学系主任熊庆来的注意。

在此文发表前一年，1929 年 5 月出版的《学艺》上就刊载了一则简短的"更正声明"，指出因未详细审查，苏家驹论文中有问题，华罗庚已来函质疑。这就说明华罗庚早已看出苏家驹论文中的破绽。经《科学》编辑的提示，华罗庚从苏的文章中找出错误原来是由于其中一个 12 阶行列式计算有误而造成的，从而写出他的第二篇论文。华罗庚严谨治学的态度给清华大学的年长数学家留下深刻的印象。

熊庆来从系里一位金坛籍教员那里了解到华罗庚只是一个初中毕业生，但对数学钻研很深。熊庆来表示："这个年轻人真不简单啊！应该把他请到清华桌！"

经熊庆来的推荐，华罗庚于 1931 年到清华大学任系助理，管理图书及一些事务性工作。在清华，华罗庚挤时间学习数学，晚上还进行研究、撰写论文。仅 1931 年他就发表 4 篇论文，开始展示出自己的才华。在清华的头 4 年，他自学了英、法、德语，后来又自学俄语，为科研奠定了坚实的外语基础。1934 年，他用英文共发表 9 篇论文，成为蜚声中外的年轻学者。

根据华罗庚的学术成就，1933 年 9 月、1934 年 9 月清华先后破格提升他为助教、讲师。1934年又被"中华文化教育基金会"聘为研究员。

在清华大学期间，华罗庚除了在现代数学理论上打下坚实基础外，还开始了数论的研究，在这方面曾得到杨武之教授的指点与帮助。此外他还与数学系的同事陈省身、许宝騄、柯召等进行学术讨论。

1935～1936年间，法国著名数学家阿达马及美国著名数学家、控制论创始人维纳先后到清华讲学。他们两人对华罗庚勤奋好学留下了深刻的印象。阿达马介绍华罗庚与前苏联著名数论专家维诺格拉多夫直接通信，对华罗庚以后的研究工作产生重要影响。

维纳赏识华罗庚的才华，把他推荐给英国剑桥大学著名数学家哈代。1936年华罗庚得到中华文化教育基金会的资助，去剑桥大学作访问学者。哈代与利特尔伍德根据华罗庚的情况，保证2年内给予华罗庚博士学位。但华罗庚却表示："我来到剑桥大学是为了求学问，而不是为了学位。"

在剑桥，华罗庚致力于解析数论的研究，它在这方面的研究成果，至今仍是这一领域的经典文献。

1937年抗日战争爆发，华罗庚决定回国与全国同胞共赴国难。1938年到达昆明。经杨武之教授提议，清华大学破格提拔华罗庚为教授。从1931年任助理到成长为教授，只经历了7年时间，这在中外教育界是罕见的。

当时清华、北大与南开大学在昆明组建成西南联合大学。华罗庚在那里不仅继续研究数论，还开始开拓许多新的领域，与其他数学家一起倡导并主持了多种讨论班。在他的带动与指导下，培养出不少数学人才，为我国现代数学的发展作出了突出的贡献。

早在40年代，华罗庚就对数学的应用与计算技术的

华罗庚在清华大学

作用有了精辟的见解。在 1944 年 3 月 7 日给当时教育部长陈立夫的一封回信中，华罗庚提到了他的出国计划。华罗庚说，"此次出国之目的，一方面因为广数学方面之见闻，而他方面实为理论及实用谋一联系也。盖就国防观点以言，数值计算、机器计算实为现代立国不可或缺之一项学问，"此信的附录一，就是"机器计算及数值计算之重要"，附录所列的机器包括布什的微分分析仪（积分仪）、赫勒里特制表机、调和分析仪及微分分析仪等，华罗庚对'当时计算技术发展动态了如指掌。他的这些远见卓识，在解放以后筹建数学研究所、计算技术研究所时才得到贯彻。

1945 年 7 月 16 日，美国首次核试验取得成功。随后，当时担任兵工署长的俞大维，在重庆中美联合参谋本部看到美国原子弹机密文件，就向蒋介石作了报告，蒋介石立即命令军政部长陈诚和次长俞大维负责秘密策划中国的原子能计划。于是通过西南联大化学教授曾昭抡邀华罗庚、吴大猷去重庆商谈。他们提议应从培养人才入手。陈、俞采纳这个提议，决定由华罗庚、曾昭抡、吴大猷带领孙本旺（数学），朱光亚、李政道（物理），唐敖庆、王瑞马先（化学），于 1946 年 7 月初由上海乘船赴美。预定的任务是为"学习制造原子弹"而进行"考察"，但由于一些原因"考察"未能进行。这些科学家的任务就改变了。

华罗庚首先在普林斯顿高等研究院从事研究，又在普林斯顿大学讲数论课。

1948 年，华罗庚当选为中央研究院院士。1948～1950 年应伊利诺大学之聘，任教授。在 1949 年中华人民共和国成立时，华罗庚兴奋异常，决定立即回国。1950 年初，华罗庚放弃了美国终身教授的职位，放弃了优越的生活条件，取道香港，辗转回国。

回国后，华罗庚参加了中国科学院数学研究所的筹建工作，1952 年起担任所长。在不到 5 年的时间里，数学研究所初具规模，涌现出一大批出色的成果与人才，受到国内外数学界的一致好评。华罗庚在推动我国数学科学研究事业的发展上，作出突出的贡献。

在推动我国计算技术的发展上，华罗庚也勇挑重担。1956 年 7 月，华罗庚负责计算技术研究所的筹建工作。他一方面把数学所研制计算机的人员调到计算所去主持计算机的研制，另一方面又动员数学所有才干的数学家到计算所，去主持计算数学的研究。他本人还亲自主持过计算数学讨论班。他为计算技术研究所的组建作出了不可磨灭的贡献。

在华罗庚的倡导下，1956年起中国开始举办中学生数学竞赛，大大激发了中学生学习数学的积极性。他还写了不少深入浅出的数学普及读物，推动了我国的数学普及工作。

1958年9月，中国科学技术大学成立。华罗庚亲自担任应用数学系主任，并给应用数学系一年级学生上课。他决定把所有数学基础课合在一起教，并制订了规模宏大的计划，编写一部6～7卷的巨著，包括大学的全部数学基础，为此他花费大量时间。其中一部分已由科学出版社于1963年、1981年先后出版，这就是"高等数学引论"第一卷及第二卷一分册，在书中，华罗庚尽量设法把其他学科运用到的数学知识写进他的书中。后来因其余大部分手稿遗失，他的这一宏大计划未能实现。

最难能可贵的是，他从1958年起，在继续数学理论研究的同时，又把主要精力从事应用数学的研究上。他把数论用于高维数值积分，取得出色成果，被人称为"华王方法"，为祖国争得荣誉。在近20年时间，他与助手走遍全国20多个省市自治区，到工厂和工业部门推广"优选法"及"统筹法"，取得可观的经济效益。听过他讲课的人员有几百万。

华罗庚的工作，受到毛泽东主席及周恩来总理的高度评价和鼓励，使他能克服重重困难，取得一个又一个成绩。

华罗庚长期领导着中国数学的研究、教学与普及工作。一位国外学者说得好："如果有

毛主席接见华罗庚

许多中国数学家现在在科学的新领域作出特殊的贡献；如果数学在中国享有异常的普遍的尊重，那就应该归功于作为学者与导师的华罗庚50年来对他祖国数学事业所作出的贡献"。"华罗庚"这个名字同中国数学事业永远联在一起。

规范场理论与杨振宁

杨振宁与李政道共同获得1957年诺贝尔物理学奖金；杨振宁提出的规范场理论，在物理学中具有巨大影响；他是第一个回国访问的美籍著名科学家，他为振兴华夏科学和教育而多方奔走。杨振宁是一名了不起的炎黄子孙。

古国育英才

杨振宁，1922年农历8月11日出生于安徽合肥县县城西大街四古巷。父亲杨克纯，字武之，考取省官费留学美国斯坦福大学、芝加哥大学，回国后在清华大学任数学教授，我国著名数学家华罗庚就是杨武之教授等人发现、推荐，并帮助到英国剑桥大学留学的。

杨振宁之父留学美国6年，是母亲罗孟华把他培养大的。母亲从小振宁4岁起，教他认方块字，一年多时间里认识了3000多字！

1933年，因父亲在清华当教授，振宁进了崇德中学读书。1937年芦沟桥事变，杨振宁家从北平到合肥，不久又经汉口、广州、香港、取道越南河内，沿红河又北上到云口最后达到昆明，行程5000千米，两次越国界，横跨中国6省，颠沛流离，风餐露宿，克服无数艰难险阻，才到达西南联合大学。杨振宁读完高二后，进入了大学，在联大受到极为严格的数学基础训练，他的微积分考试得100分，是联大各届学生中最好成绩，他的普通物理课成绩是99分，是联大8年间最好成绩，当时西南联大有一批有名的教授，在物理方面如赵忠尧、周培源、吴有训、张文裕、吴大猷等。杨振宁的学士论文是在吴大猷教授指导下进行的，硕士论文是由王竹溪教授指导的。王竹溪在英国剑桥大学获博士学位后，正是日本帝国主义铁蹄践踏中国领土之时，王教授不图安逸、不贪享受，回国在西南联大任教，过艰苦的生活，并进行科学研究，全力教育学生，其爱国主义情怀，给杨振宁很大影响。

攀登高峰

通过考试，1945 年杨振宁公费到美国留学，经过多次辗转，长途跋涉，终于在芝加哥大学见到了著名物理学家费米。费米没有辜负学生的希望，尽职尽责地把自己知识和经验传给了学生。除了讲课外，每周还有一两个晚上给几名研究生讲解疑难问题，杨振宁在这种小灶中受益非浅。费米于1949 年因事离开芝加哥时，把笔记及讲课任务交给了杨振宁。

杨振宁和密耳斯，在 1954 年发表了"规范场理论"，这是划时代的创作。今天物理学研究主要是场，第一个是麦克斯威尔理论，第二个是爱因斯坦的广义相对论，第三个就是杨振宁的规范场。在物理学上具有巨大影响，这是杨振宁得到最高成就，有人主张说因杨振宁创立"规范场理论"，应该获得第二次诺贝尔奖。

杨振宁在物理学上的另一成就，就是与李政道一起发现：宇称守恒只是部分的物理现象，在更多的弱的相互作用下，宇称是不守恒的。由于这一发现，1957 年他们两人共同获诺贝尔物理学奖。

对称是指某些变换下的不变性。比如，早上作实验，晚上作实验，同一内容，结果应相同，这叫时间平移不变性，也就是时间反演对称性；还有电荷的正负是对称的；左手座标变到右手座标，称为空间反演，也是对称的。

过去的物理定律一直显示出左右对称性。

在粒子体系中，粒子体系和它在镜像中的体系，都遵守同样变化规律，也就是具有左右对称性，这就是宇称守恒定律。

但是1947 年两位英国实验物理学家发现奇异的粒子，其中一个叫 θ 介子，另一个叫 τ 介子。τ 介子衰变成 3 个 π 介子，而 θ 介子衰变成 2 个 π 介质子，这说明 π 介子和 τ 介子衰变时，表现出相反的宇称。这被称为"θ－τ"之谜。

早在西南联大学习时，他们两人就对这"宇称守恒定律"有怀疑。

人类发明史上伟大的贡献

RENLEIFAMINGSHISHANGWEIDADEGONGXIAN

1946年杨振宁与李政道都住在芝加哥大学的国际学生宿舍中，同胞在异国他乡重逢是多么高兴。后来他们都在普林斯顿高级研究院从事研究工作，他们共同合作，对这一现象进行了研究，于1956年提出：在弱作用下，左右可能不对称（弱作用中宇称可能不守恒）。

当时很多物理学家认为这一假设是大胆的，但也有人认为不可能正确，最典型的是著名物理学家泡利，他说愿意出大价钱打赌，实验将证明宇称对称。

这时，著名的物理学家吴健雄，正打算去日内瓦及远东讲学，她听到杨振宁和李政道的设想后，毅然留了下来，着手准备实验。吴健雄实验小组，利用最先进的设备，进行实验验证，终于到12月已获得足够实验数据，表明宇称守恒定律在弱相互作用中被否定了。

1957年1月15日哥伦比亚大学举行记者招待会，吴健雄向世界宣布，"宇称守恒定律"在弱作用中予以推翻！

著名物理学家奥本海默说："终于找到了走出里屋子的门！"

1957年12月10日，35岁的杨振宁和31岁的李政道，在热烈和庄重的气氛中，登上了斯德哥尔摩诺贝尔领奖台。

▌ 居里夫人与镭

居里夫人是世界上最伟大的女性之一。爱因斯坦曾经赞扬她说："在所有的世界伟人中，玛丽·居里是唯一没有被盛名宠坏的人。"在盛名之下，居里夫人具有谦逊的品质，这是伟人的品格。在创造伟大业绩的过程中，居里夫人表现出坚韧不拔、不畏艰辛的精神，在极端困难的条件创造了奇迹，更是可

居里夫人

歌可泣！

走进"迷宫"

19世纪快要结束的那几年，物理学家和化学家不断为新发现、新创造忙忙碌碌。1895年，一位不大出名的德国教授伦琴发现了一种新光线，伦琴谦逊地把它取名为X射线。它像一声春雷，震撼了全世界，引发了许多重大发现。X射线发现后不久，不少人感到好奇，无论是衣裙翩翩的女士或者是衣冠楚楚的先生，他们在X射线照射下，都可以从屏上看见自己的肋骨，脊髓和周身骨骼。有的医生想看看受枪伤的病人，身上还有没有子弹；科学家却在研究是什么原因会出现这种射线？

不少科学家走进了"迷宫"。有人认为X射线既然发生萤光现象，那就很可能一切强烈的萤光物质都能发射X射线。于是，大家分别去找能发射X射线的萤光物质。结果，是令人失望的。后来，法国物理学家贝克勒尔在寻找发光最强的萤光物质时，想起了自己常用的铀盐，他意外地发现了"铀射线"。那是1896年的事。

贝克勒尔的新奇发现，很快地引起居里夫人的注意。当时，玛丽·居里大学毕业后，正想找个题目做研究工作，得知贝克勒尔发现铀射线的消息后，她想，还有没有其他能发现射线的化学元素呢？于是，她同皮埃尔·居里商量后，决定从事铀射线的研究。

居里夫人把当时已知的元素和他们能搜集到的化合物、矿物，一一进行测试，1898年便发现了钍的化合物也会自动发出射线，强度与铀射线差不多。这不是正好说明能发出射线的物质不仅是铀，还有钍，或许还有其他。玛丽把能发出射线的物质特性称为"放射性"，并且把钍和铀等具有放射性的元素，叫做放射性元素。

攻克难关

居里夫人发现了钍射线后，进一步测定各种矿物质的放射性强度。接着，她惊奇地发现两种铀的矿物——沥青铀矿和铜铀云母，它们的放射性比纯铀或纯钍要强得多，重复测试的结果，证明实验是可靠的。

1898 年 4 月，居里夫人得到一个重要结论：在沥青铀矿或铜铀云母矿物中，肯定含有某些未知元素，尽管它们只有 1%（实际上只有 1‰），但是它们的放射性强度比铀和钍强好几倍。

接着，皮埃尔和玛丽并肩作战，决心在矿物质里寻找这种尚未知道的物质，他们知道，要找出新元素，就必须把大量的矿石，经过无数次的反复溶解、过滤、测试、沉淀、过滤、再测试……才能有希望得到比较纯净的化合物和纯净的物质。当时，化学家们要把几种化合物的混合物或者是几种物质的化合物分离出纯态物质，只有用这些方法，因为其他分离方法和仪器还远没有被创造出来。

居里夫妇就是在这样繁琐的劳动中得到科研成果的。1898 年 7 月，法国科学院发表了他们的共同报告："由沥青铀矿提出的物质中含有一种尚未被人注意的金属，它的分解特性与铋相近……我们提议把它叫做钋，纪念我们中之一的祖国。"1898 年 12 月，又报告了他们发现的新元素——镭。

这种惊人的发现，很多人不相信，理由是从未见过真正的钋和镭。

居里夫妇当机立断，提炼放射性元素！可是，困难接踵而至。首先是实验的场所。在皮埃尔帮助下，玛丽征得校方同意，把理化学校的一间工作室改为实验室。这间所谓工作室，实际上是一间很旧的棚屋。有位记者描述实验室的景象："竟是一所既类似马厩，又宛若马铃薯窖那般简陋的棚屋。若不是在工作台上看到一些化学仪器，我真会想到这是一件天大的恶作剧呢。"可就是在这样的棚屋里，居里夫妇进行着跨世纪的伟大实验。

第二个困难是没有资金去购买沥青铀矿。幸好捷克（当时属奥地利）有一个矿，开采出来提取铀盐，矿渣堆积如山。居里夫妇认为提出铀盐后的矿渣，里面一定还有镭。经过几番周折，一吨矿渣终于运到了他们的实验室附近。

就这样，他们两人"身兼数职"，既是教授、学者，又是技师、工人，既干苦力，又当家庭主妇，每天进行着繁重的体力劳动。玛丽回忆当年的工作时，这样写道："我每一次炼制 20 千克左右的材料，结果使整个棚屋塞满了装溶液和沉淀渣滓的大罐子。我搬挪容器，倒出溶液，在铁锅边一连几小时地搅拌溶浆，可真不是件容易事。"

她又写道："尽管工作条件是艰苦的，但是我们都觉得很幸福。我们在实验室里度过光阴。那可怜的棚屋里十分寂静。有时候守候某一项试验，我们就在棚屋里来回踱步，谈论着我们现在和今后的工作。我们感到冷的时候，就在炉旁喝一杯热茶，就又舒服了。我们在一种特殊的景况中过日子，像是在梦里过日子一样。"

一吨矿渣用完了，又弄来了几吨。日子一天天过去，年复一年，从1898年到1902年，从19世纪干到20世纪，在居里夫妇宣布发现了镭以后，他们又以喜悦的心情告诉人们：他们已经提炼出0.1克镭。

夜晚，居里夫妇跑到实验室，不点灯能看到镭那带蓝色的萤光，这时他们思绪万千，凝视着镭和它发出的光，久久说不出话来。

奋斗不息

玛丽把研究工作的成果写成博士论文《放射性物质研究》，于1903年递交给评审委员会，教授们眼看事实，一致认为这是一篇伟大的博士论文。同年，贝克勒尔和居里夫妇三人一起荣获了诺贝尔物理学奖。

1906年，皮埃尔因车祸而伤命，居里夫人含着悲痛，继续奋战在实验室。不久，她走上了巴黎大学的讲台，成了有史以来的第一位女教授。

居里夫人为了得到一克纯净的金属镭，又对自己提出一个目标，一定要得到金属镭，她不满足于镭的化合物。

又经过了一备艰苦的努力，她日夜奋战在实验室里，试验了各种化学分离方法，最后，在1910年用电解法制得镭和汞的化合物，然后把它放在石英管里加热，待汞蒸汽挥发后，剩下的就是纯净的金属镭了。第二年，玛丽·居里荣获诺贝尔化学奖。在这以前，还没有一个人两次获得诺贝尔奖的！

电子影视篇

▌激光的功勋

"激光"一词的涵义，已经道破了激光产生的原理。其核心是受激光发光过程和光的放大。而要了解这些问题，就必须知道原子结构的奥秘以及原子为什么会发光。

原子结构的秘密

从 1909 年意大利科学家伽利略发明了望远镜，人们对浩瀚的宇宙不停地进行观察和分析计算，知道了月亮绕地球旋转。地球绕太阳旋转，太阳带着太阳系的八大行星又以 250 千米/秒的速度绕银河系中心转动，整个银河系也在运动着，以 210 千米/秒的速度向麒麟星座飞去。现在被人们发现的宇宙直径已达 49 亿光年。整个宇宙是一个无限美妙、无限广阔的世界。

另一方面，从古希腊和罗马时代，人们已经开始探索微观世界的奥秘。18 世纪初期，人们认识了千变万化的物质都是由分子组成的，分子是由原子组成的。原子很小，用普通的显微镜观察，也看不见它。不同的物质由不同的原子组成。如水分子是由 2 个氢原子和 1 个氧原子组成的；食盐的分子是由 1 个氯原子和 1 个钠原子组成的等等。

到了 20 世纪初，人们终于在实验的基础上揭开了原子结构的奥秘。原来，原子的结构好像是一个小小的太阳系。原子是由原子核和若干电子组成的，电子围绕着原子核不停地旋转，就像地球绕太阳旋转一般。宏观宇宙浩瀚无垠，微观原子微乎其微，但是，它们却如此地相似！原子核带有正电核，电子带有负电荷，正、负电荷的数量正好相等，因此，整个原子看起来并不带电。氢原子的结构最简单，核外只有 1 个电子。氦原子中有 2 个电子，氧原子中有 16 个电子，铀原子中有 92 个电子，真是一个"大家族"。

电子可以在许多特定的轨道上绕原子核旋转。这些轨道犹如登山的台阶，一级一级由低向高延伸，但是台阶通常是一级一级等间隔的，电子的轨道越低，间隔越小；轨道越高，间隔就越大。爬山上楼要费力气，电子从低轨道跳跃到高轨道同样需要能量，这个能量可以通过吸收外界的电能、光能、热能等来取得。所以，如果没有外界能量的提供，电子总是处在最低的轨道上。一般说来，电子处于低轨道的原子总是多于电子处于高轨道的原子。

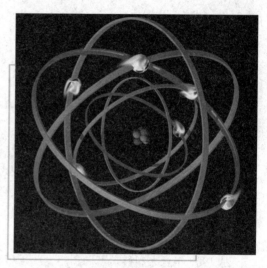

原子结构

原子为何会发光

如果，原子中的电子得到了外界的能量，比如热能（对物质加热）、光能（用光照射）、电能（加上电压，让气体放电）等，电子就能从较低的轨道跳跃到较高的轨道上去。这种过程叫做激发。相反，电子从较高的轨道跳回较低的轨道，它就会把从外界得到的那份能量又"吐"了出来。这份能量可以转变为光能。这种过程就是发光。

人类发明史上伟大的贡献

RENLEIFAMINGSHISHANGWEIDADEGONGXIAN

电子在不同轨道之间跃迁，发光的波长也不相同，就是说，光的颜色不同。

电子从较高轨道往下跳有 2 种不同的形式：一种是自动的，另一种是受影响的。

水总是从高处往低处流，成熟的果子总是要纷纷下落，这是因为地球对物体有吸引力。原子中的电子也是这样，因为受到原子核的吸引力，处于较高轨道的电子是不稳定的，总是力图跳回到较低的轨道上来。这种自动跳迁的发光形式，通常叫作自发发光。

另一种发光形式叫做受激发光，意思是说电子从较高的轨道往下跳，是受到外界光子的"刺激"才产生的。这种现象并不奇怪，在大自然中也常有这样的事。比如，夏天的树枝上，常常传来蝉的"知了，知了"声。秋天的草丛中，蟋蟀发出的叫声。春天的稻田里，可以听到青蛙的"呱呱"声。这类动物，只要有一只先叫起来，其余的受到"刺激"，也以同样的声音跟着叫。

发光的形式不同，发光的性质也不同。自发发光时，光线射向四面八方，光子的状态（指光的传播方向、光的波长等性质）都是各不相同的。受激发光时，光线向同一方向，光子具有完全相同的状态，根本无法区别哪一个光刺激电子跃迁的，哪一个光电子跃迁时新产生的。

光能放大吗

通过一次受激发光过程，原来的光子和新产生的光子一模一样，一个光子就变成了两个相同的光子。而这两个光子又去激发其他原子，又产生了新的更多的完全相同的光子……这个过程不断地进行着，这就意味着光被加强了，或者说，光被放大了。光越放越大，就能成为激光。可见，受激发光过程是产生激光的最基本的过程。激光本来的含义，正是由于受激发光所产生的光放大。

受激发光过程，早在 1917 年，由物理学家爱因斯坦首先提出。但是，过了 40 多年，才在实验技术上实现了光的放大。原因在哪里呢？

世界是复杂的，事物总是处于对立的矛盾之中。光子和原子的相互作用也是这样。一种物质总是由大量相同的原子组成。有些原子中的电子处于较高的轨道，我们把它们称为高能级的原子。原子中的电子处于较低的轨道，我们把它们称为低能级的原子。当一个光子和这些原子相互作用时，一方面，这个光子可以去"刺激"高能级的原子，使它产生受激发光，使光得到放大；另一方面，这个光子也可以被低能级的原子所吸收（"吃掉"），光子的能量转变为电子的能量，使电子从低的轨道跃迁到高的轨道，使光减弱。这两种过程是同时存在的，它们相互竞争着。对于光子来说，它对待高能级的电子和低能级的原子，是"一视同仁"的！它们和光子相互作用的机会是一样的。这好似有奖储蓄，每一份对奖券中奖的机会是相同的。如果在大量相同的原子中，处于高能级原子的数目比较多，处于低能级的原子数目比较少，那么，高能级的原子和光子作用的机会就多，也就是受激发光的机会就多。而低能级的原子和光子作用的机会就少，即光被吸收的机会就少。这样一来，受激发光过程将超过光的吸收过程而占据主导地位，新产生的光子数目超过光子被原子吸收的数目，总的来说，光就被放大了。

由此可见，光通过介质和原子相互作用时，究竟是放大，还是衰减，取决于高能级的原子数目多，还是低能级的原子数目多。哪一个能级的原子数目大，它们和光子作用的次数就多。这好比集体有奖储蓄，哪一个单位认购的份数多，哪一个单位中奖的机会就多。

要获得光的放大，必须造成这样一种局面：介质中高能级电子的数目大于低能级原子的数目。遗憾的是，

光通过介质

电子总是喜欢处在较低的轨道上，也就是低能级的原子数目比较大，这就是产生光放大的困难所在。然而，有志者，事竟成！人们通过种种努力，采取对介质加热、光照、气体放电等方法，强迫电子处在某些较高的轨道上，造成高能级的原子数目大于低能级的原子数目。这时，光通过这样的介质，就能放大了。我们叫这种介质为放大介质。

激光唱片

1877 年，美国大发明家爱迪生发明了会说活、唱歌的机器——留声机。它的发明给我们的文化生活增添了新的乐趣，不用出门到戏院，在家中就可以欣赏自己喜欢的戏曲、歌曲，而且还不受广播电台播放内容和时间的限制，自己高兴听什么戏曲、歌曲就听什么，高兴什么时候听就什么时候听。这多有乐趣！

人们欣赏音乐的水平在不断提高，对唱片质量也不断提出新要求。比如，要求一张唱片能播放更长时间的节目，要求放出的歌曲犹如实际演唱会上演奏的，不夹杂音，有立体感。制造唱片的技术确也不断在改进，制出的唱片质量不断地在提高。更令人注目的是激光技术给唱片带来的影响。用激光灌

激光唱片

音和用激光做唱针放音的唱片，我们叫它激光唱片，通常也称 CD 唱片，那是一种最新式的唱片。它能放出非常优美动听的乐曲，如同乐队和演员就站在跟前演出一般。普通唱片难免要出一点"沙、沙"的杂音，那是唱针与盘面摩擦发出的杂声。激光唱片在灌音和放音时用的是激光，它和唱片的盘面没有机械接触，当然也就没有由摩擦而产生的杂声。同时，也因为激光唱针和盘面没有机械摩擦，唱片反复使用时间长了，它的音槽不会发

生磨损，换句话说，唱片可以长时间使用，用它十年八年没问题。还有，激光唱针"针头"极细，大约为 1 微米，比普通机械针尖小，所以，激光唱片的音槽可以做得很小。因而唱片单位面积上可以录入的信息多，唱片能放音的时间长，一张直径 12 厘米的激光唱片，能播放 1 小时的节目。因为激光唱片有这么多优点，所以它很受大众的喜爱。现在，激光唱片已进入千家万户，小学生都知道 CD 唱片，都知道使用激光的唱片。

人的说话和乐器演奏发出的声波，会引起传声器金属膜片作相应振动，把这些振动进行放大之后调制激光束。如果这束被声波调制了的激光在镀有金属薄膜的盘上刻划，就会在盘上刻出一道道长短不一的小坑，它们反映着声音振幅的大小。声音就是这样被"灌"进那只镀金属膜的盘上。这只盘是母盘，然后利用它做模子，通过模压方法，进行大量生产。激光唱片在放音时，这个过程与录制过程刚好相反。它也是用一束激光做唱针。照射到唱片沟纹上的激光再反射回来，由光学系统传送给光电接收系统，把强弱变化的激光信号转变成强弱变化的电信号，再驱动喇叭，就可以把声音放出来了。

最硬的"钻头"

在工厂里，我们可以看到工人师傅制造了各种各样的机器，在机器的零部件上都有大小不一的孔，这些孔通常都是用钻头来进行加工的。利用钻头打孔，主要是利用钻头本身的硬度，钻头越硬，钻孔的本领就越大。比如高碳钢要比普通的铜硬得多，因此用高碳钢钻头可以轻而易举地在铜板和铁板上打孔。但是像金刚石这类硬质材料和陶瓷这类又硬又脆的材料，要打出一个

激光钻头

孔来就十分费事了。例如，制造拉制细金司丝的金刚石模具，必须在模具上打出许许多多细小的微孔来。由于金刚石的硬度非常大，需要用镶有金刚石的硬化钢钻头，打一个孔要花 5～10 小时，生产效率很低，噪音高，劳动强度大。钟表里宝石轴承的加工也是如此，既费时又费力。

利用激光打孔真可以说是无坚不摧，可以对任何材料打孔。道理很简单，激光束通过透镜聚焦，使材料表面焦点区域产生极高的温度，温度上升的速度非常快，可以达到每秒一百亿度，使材料迅速烧熔、汽化，形成小孔。

激光打孔与普通的钻头钻孔相比，有许多独特的优点。它完全不受加工材料硬度和脆性的限制，对钨、钽、钼、镍钴合金都能加工。它打孔的速度非常快，可以在几千分之一秒、甚至几百万分之一秒内打出小孔。还有，激光打孔不像钻头那样，由于磨损需要不断更换钻头，而且，激光打孔是非接触的，光束不会玷污加工部件，便于自动化连续工作。

削铁如泥的利刃

人们常用"削铁如泥"来形容刀刃的锋利，这只不过是夸张的说法而已。有了激光器以后，"削铁如泥"就不是什么稀奇事了。

激光切割和激光打孔的原理相似，只要移动激光束或者移动工件进行连续打孔，使孔连成线就是了。和激光打孔一样，激光切割几乎不受材料的限制，尤其擅长于切割高硬度、高熔点、脆性、韧性的材料。激光不仅可以切割金属，也可以切割多种非金属材料，如陶瓷、塑料、橡胶、布料、木板、纸张、胶合板、人造革、有机玻璃等，真可称其为万能快刀。

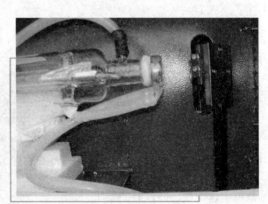

激光切割机

日本丰田和本田两汽车公司利用计算机控制的激光切割机，从毛坯上切割出平整的模具和汽车零件。我国长春第一汽车制造厂利用激光切割20多种形状复杂的金属材料，不仅能切割平面曲线零件，而且能切割曲面零件。切割钢板厚度可达6毫米，切缝只有3毫米。激光切割的速度比其他方法提高100倍左右。以往对于金司的钻孔或切割往往伴有极大的响声，用激光束加工几乎是寂静无声的，大大减少噪音对工人和环境的危害。

对合成纤维布料的切割，激光具有特殊的优越性。因为纤维布的切口被激光熔化后立即凝固，自动地封好口，不会像刀切那样松开，出现毛边。

激光还可以用来切割高硬度材料，如陶瓷、石英和金刚石，尤其是切割金刚石，一直是一个难于解决的问题。用激光切割可以使一颗金刚石变为几颗金刚石，对于钟表和首饰的加工特别需要。

神奇的焊枪

打开一台收音机或者电视机，可以看到许多晶体管、电阻、电容、变压器等电子元件，它们彼此通过导线焊接在一起，它们是利用一把电烙铁焊接起来的。但在工业上常常要求两块金属或其他材料熔合在一起成为一个整体，一把普通的电烙铁就无济于事了。在这里激光又有了它的用武之地，它的法宝就是它的高功率密度。

激光焊接与激光打孔的原理相似，只是焊接时不需要将材料烧穿，而只需要烧熔，使其粘结在一起，因此激光输出功率比激光打孔时低一些。

激光焊接不需要与工件接触，光束能够进入工件深处、

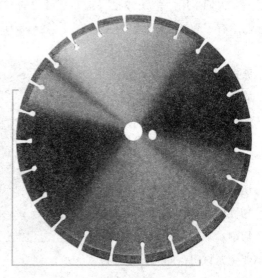

激光焊接片

凹处、狭缝处进行焊接，而且不需要焊料，避免了杂质对工件的污染，对于高纯材料和贵重金属的焊接特别有用。采用激光焊接陶瓷白金电阻，可为国家节约大量铂金。采用激光焊接金项链，不仅焊接得牢固、美观，而且速度比手工焊接提高几十倍，还可以节约大量焊金。

激光焊接不受材料的限制，甚至连陶瓷也可以焊接，对于我国珍贵的陶瓷古玩的修复工作有很大的意义。激光焊接缝纹极细，一般看不出来，可使古玩保持它美丽的外观。将来还可以利用激光将整座高楼大厦焊接成为一个整体，将石块和砖粘合起来，将砖和钢窗粘合起来，将各种不同的材料粘合起来。"激光建筑法"将大大地加快建设速度，并提高建筑质量和抗地震的能力，建造出全新的楼房。激光将成为"万能焊枪"走进生产和建设中去！

最精细的雕刻刀

早在几百年前，人们就开始在玉石、象牙、玻璃器皿上进行雕刻和磨琢，制成精美的装饰工艺品。尤其是微型雕刻，一粒米粒大的象牙上可以雕刻出几千字的文章，令人赞叹不已。然而，一件精美的雕刻工艺品，需要雕刻家付出艰苦而持久的努力。目前国内外已经开始利用激光作为雕刻刀，对玻璃、瓷器等进行雕刻。

激光具有极好的方向性和单色性，使得激光经过透镜聚焦后，可以得到很小的焦点面积，焦点面积仅有几平方微米（1 平方厘米等于 1亿平方微米），因此激光的聚焦光斑就成了世界上最精细的雕刻刀。

激光雕刻刀特别适合于

激光雕刻刀

微型和精密加工。

神通广大的计算机，其核心部件都是用大规模集成电路做成的。一块小橡皮那么大的集成电路内包含着几万个到几百万个微小的电子元件。这些元件都要按一定的电路要求连接起来。制作这些电路都是采用光刻的办法。利用激光进行光刻划线，刻出的线宽只有一微米，即万分之一厘米，目前激光刻线已经成为超大规模集成电路制造工艺中不可缺少的工具。激光还能直接和半导体材料相互作用，直接制成各种各样的电子元件。

激光已经代替了以往的雕刻刀，真正担当起制造工艺品的工作。国外用激光雕刻的工艺玻璃制品不仅在市场上畅销，有些已经成为博物馆的收藏品。

用激光雕刻时，玻璃杯或者花瓶可以绕自己的轴旋转，激光束通过旋转反射镜，使光束上下移动。当玻璃杯和激光束同时运动时，激光束就可以扫过玻璃杯或花瓶的整个表面。激光束照射在玻璃上时，玻璃被蒸发掉一部分而留下痕迹。控制激光束的强度，可以改变痕迹的深浅。只要控制花瓶的转动和激光束上下移动，就可按雕刻家的构思刻画出各种美丽的图案。

激光雕刻还可以用套模的方法进行。事先制成一种金属模子，上面雕上各种预先设计好的镂空花纹或图案，然后把它套在待雕刻的花瓶或玻璃杯上，激光束只要扫过镂空的地方，就会透过模子在玻璃杯上留下痕迹，形成和模子相同的图案。

能探查矿藏的激光

我国地大物博，幅员辽阔。利用激光微区光谱分析，来探查矿藏，是一个十分有效的手段。激光的"火眼金睛"能够从矿石中识别出各种各样的物质。在激光探矿方面，我国已经走在世界前列，可以对微细疑难矿物进行鉴定。例如：分析花岗岩中锆英石、黑云母和白云母的微量元素；寻找含铀矿物；分析鉴定砷镍矿、钇锑镍矿、毒砂、钙铬榴石等原来无法探测的矿物；测出方铅矿中的银含量。它不但能够测定矿物的成分，而且能够帮助研究矿物生长的成因，为找出更多的宝贵矿藏作出贡献。

激光光谱分析不但能够对静止常温物体进行探测，由于激光的高方向性和高亮度，光束还能够进入炼钢炉或者化学反应器皿中，对钢水或气体等高温、剧毒的动态介质进行检测。比如传统的钢水成分分析，都是在出钢前，先从炉中取出钢水的样品，等其冷却后，送到光谱实验室确定所含成分的比例。如果合格。才能出钢；如不合格，需再添加适当的原料。这一关键性的步骤，通常需要 5 ~ 10 分钟。如果用激光分析，激光束通过炉顶进入钢水，产生微小的等离子体火球，测量它的光谱，就能知道钢水的成分。这样的测量步骤，仅需几秒钟。

通讯中的激光

我国是最早研究光通讯的国家之一，已经在山东的青岛和黄岛之间建立了二氧化碳激光大气通讯，还研制了用于岛屿、山头之间保密通讯的红外激光通讯机。

激光通讯还可以用于空对地、空对海的定向保密通讯，在军事上，有着重要的意义。

1981 年 5 月，美国在圣地亚哥附近的海域上空采用机载激光通讯系统的方法，从 12000 米的高空使波长为 0.532 微米的绿色激光射入海洋，在 300 米深处与"海豚"号潜艇成功地建立了联系。

随着航天飞机的发射成功，宇航员担负着各种科学研究任务，有时需要走出飞机，进入空间自由行走。这就要求宇航员随时与地面指挥中心，保持密切的通讯联系，以防发生意外。采用无线电通讯方法，设备庞大。美国正着手研究建立宇航员与地面指挥中心的激光通讯系统。

机载激光通讯系统，由于飞机处于飞行状态，寻找目标有一定的困难。采用地球同步人造卫星来进行激光通讯，是比较理想的。由于同步卫星相对于地球几乎是固定不动的，可以在地面上，向同步卫星发射激光，光束通过卫星上的反射器反射到潜艇，实现地面对潜艇的光通讯。这种陆地对海洋的直接通讯方式，只有激光技术才有可能胜任。尽管激光通讯有它独特的优点，但也存在一定的弱点。由于光线按直线传播，在地面通讯时，不能越过建筑物等障碍。在恶劣的气候下，如大雨大雪天气。通讯的质量将严重受到影响，甚至无法记录数据。而且，光束较细，发射点与接受点之间的瞄准有些困难。为克服上述缺点，一种新的通讯手段——光纤通讯产生了。

光纤是由超纯石英玻璃等材料制成的，直径比头发丝还细，仅有几十微米。光纤能像电线那样架设起来，也可以埋在地下，甚至铺设在海底。利用光纤进行通讯，不再受障碍物、气候等外界条件的干扰。

美国在华盛顿—纽约—波士顿之间，铺设了光纤通讯线路，总长 5 万千米。采用脉冲激光，每秒工作 9000 万次，2700 多页的大字典的全部内容，6 秒钟就能传送出去。美国贝尔实验室，在一条 150 千米长的光纤通讯线路上，传输了 10 亿个数据。

过去，穿过太平洋海底，连结日本—美国海底的电缆通讯，总长 10000 千米，相当于地球周长的 1/4。为了

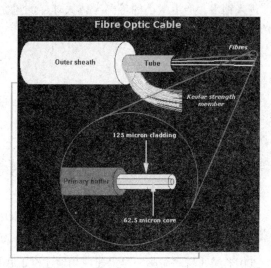

光　纤

弥补电信号在传输上的损耗，必须设置一系列的中继站。每 3.8 千米设置一处，用来放大前一个中继站送来的电信号，这样浩大的工程，需要巨额投资和漫长工期，而一根电缆最多只能通过 520 路电话。现在计划铺设光缆不但能够同时通上几万路电话，而且每隔 40 千米才设一个中继站。如果采用高质量的光纤，有可能在万里海底的光缆中，不必设置任何中继站，这将节约大量的投资和工时。

总的说来，光纤通讯传输容量大，通讯距离长，体积小，重量轻，保密性好，适用范围广。在未来社会，光纤通讯系统可以把每个家庭的电视机、电话机与计算机中心联系起来，人们可以在家庭电视屏幕上阅读报纸、书刊，查阅资料和订购产品。

导向挖隧道

在采矿、造船和修建铁道、桥梁等大型施工建造中，往往要求精确的定向。通常采用目测方法，误差很大。即使使用仪器，距离一长也不精确。

激光具有很好的方向性，可以使用小的氦—氖激光器，它发出 6328 埃的红光，射到几千米处，人眼还能看得见，使用起来十分方便。

我国地形复杂，山脉众多。在铁路和公路的建造中，时常需要挖掘隧道。比如从鹰潭到厦门的鹰厦铁路中，就有近 40 个隧道。有的隧道很长，火车要走近 2 分钟呢！如果能在挖掘隧道时，利用激光束来帮忙，让挖掘机沿着激光束传播的方向前进，隧道就可以打得又直又快了。

激光导向仪在开凿隧道、筑路、架桥、铺设管道等工程建设中，已经取得了良好的效果。把激光器和发射望远镜固定在机架上，就构成了导向仪。激光束通过发射望远镜射出，并使激光束的方向正好对准隧道的掘进方向。在掘进机上面有一个固定的方位指示板，板上四周装有许多光电接受元件。当激光束正好投射在方位指示板中心时，没有光电信号指示，表示方向正确。如果激光束偏离方位指示板的中心时，光电接受元件就会发出一个讯号，使驾驶员明白偏离的方向，以便及时矫正，或者使自动化控制系统立即调整挖掘机的方位到正确的方向上。这样一来，挖掘机就可以在导向仪的指引下，开凿出一条笔直的隧道来。在 2～3 千米的距离内，中心位置只偏差 1 厘米左右。

同样道理，激光导向仪可以引导联合采煤机开采煤矿。我国铜川煤矿用激光导向，在斜进掘进中，创造了一个月掘进 605 米的新记录，比以前提高 50 米，并且 2 次创造了日进尺（每日挖进的公尺数）的世界纪录。

高层建筑垂直测定

建高楼、树高塔，都离不开水平和竖直的监视和测量。常言说，"横平，竖直"是建筑施工的基础。最早的方法，是用拉细绳或钢丝来确定水平位置；用系着铅锤的绳子（叫做垂线或铅垂线）来确定竖直的方向。这种方法靠眼力判断，误差很大，建造普通民房还能对付，用来建造房层建筑就很不可靠了。以后利用水准仪和光学经纬仪，虽有很大的改进，但是使用不方便，测量范围也不大。尤其在现代化的建筑工程中，使用的机器越来越多，要求的速度也越来越快，一般仪器已满足不了工作的需要。利用激光的方向性，用激光束来作水平和竖直的监视、测量，自然是再好不过的了。

我国制成了激光三面测量仪。通过发射部分，将氦—氖激光器的约色光束，加以扫描，使其在空间形成 3 个互相垂直的基准光平面。

在高楼重叠、烟囱林立的今天，激光准直的应用十分广泛。如海滩竖直打桩的监测；火箭发射塔电梯导轨的校正；电视高塔的安装等等，激光这根"直线"，已经发挥了重大的作用。

飞机安全着落

恶劣的天气常会造成飞机与地面的通讯联系中断，给飞机降落带来麻烦。

通常，机场的控制指挥中心，是通过无线电波的飞行员进行联系的。但是地面的无线电雷达，不能在小于 $10° \sim 15°$ 的空间范围内，紧贴着地面传播。也就是说，即使在晴天，飞机降落到一定高度时，也收不到无线电信号，只能由飞行员根据机场灯光信号，操作着陆。碰到坏天气，就可能发生意外。

激光束方向性好，又能紧贴地面传播。驾驶员还能直接用眼睛观察。因此，许多国家都采用或者准备采用激光系统来解决飞机的安全着陆问题。

当夜间气候异常时，可以关闭机场灯光，开启激光系统，飞行员可以用眼睛观察激光的"光柱"，沿着光束 6、7 组成的"空中走廊"降落。在光束 3、4、5 交叉的"起点"处开始着陆。然后，沿着光束 1、2 组成的"跑道"滑行。这样，飞机就可以在没有任何灯光和无线电指挥下，安全地降落在机场上。

探测原理是这样的：激光从飞机上发出，并迅速地在飞机前下方的半个球形空间内扫描。当发现目标时，激光束就被反射回来，通过光电系统显示出障碍物的图象。经过实际试险，这种装置可以探测到 400 米远的架空

人类发明史上伟大的贡献

RENLEIFAMINGSHISHANGWEIDADEGONGXIAN

电缆、电话线。而像树木、建筑物等大一些的障碍物，则在 1 千米外就能探明，并显示在驾驶员的面前。

不流血的手术刀

一提起手术，人们难免害怕。一怕疼痛，二怕出血。麻药可以镇痛，但出血是避免不了的。尤其遇到老幼体弱的人动手术，失血过多，会影响他们的健康。

激光可以切割钢板，雕刻玻璃，自然也能为人体施行手术。而且，它有一个最突出的优点；激光刀手术不出血或很少出血，被誉为"不出血的手术刀"。

由于激光产生的热，能使血液凝固，手术时能封闭直径 2 毫米的静脉管和直径 1 毫米的动脉管，因而适合在血管密集的部位，如肾脏和肝脏器官做手术；由于手术不出血或很少出血，减少了对输血的要求避免了血型不合，或病毒感染的危险；由于手术时封闭了血管和淋巴管，在切除癌肿瘤时，可以防止或减少癌细胞的扩散；又由于免去了结扎血管的手续，缩短了手术时间，减少了感染的机会。

国内外已经生产出多种外科激光治疗机。用得最多的激光刀是二氧化碳激光，输出波长 10.6 微米，是看不见的红外光，能够连续工作。激光治疗机远看起来，有点像牙科治疗机。除了激光器外，有一个灵活的"光关节"。它和牙科治

激光手术刀

疗机的活动机械臂相似，能够上、下、左、右随意移动。不过在"光关节"内装有各种反射镜、棱镜，使得激光能够在光关节内弯曲行走，并且聚焦

为细光斑发射出来，这个细光斑就是我们所说的"光刀"。

为了克服看不见二氧化碳红外线激光的困难，上海医用激光仪器厂设计了一种新型的二氧化碳激光治疗机，在治疗机内增加了红色的氦—氖激光作为指示光，让可见的红光和不可见的红外光从光关节口同时射出。医生在可见红光的指引下就能顺利地进行手术，避免了以往因看不见光而操作不准确的状况。红色的激光使激光刀口长了"眼睛"。这里举两个例子，可以看出激光刀的显著功效。

在烧伤科，对于三度烧伤的治疗是十分困难的。三度烧伤，在皮肤组织外面有一层烧伤的焦痂。通常不采用对烧伤焦痂的切除手术，以免引起难于对付的大量红物疗法，等待焦痂自行脱落，然后进行植皮。不幸的是，这样要花费几个星期，甚至几个月（对大面积严重烧伤）的时间。在这期间，烧伤区是细菌理想的繁殖场所，脓毒病感染的可能性极大，有时造成死亡。采用激光治疗，可立即对烧伤焦痂进行清除，即刻将它烧化除去，并立即在清洁面的皮下活组织上植皮，整个手术过程可在当天完成。激光作急性三度烧伤的焦痂清除，近乎达到100%的止血效果。

有的新生婴儿，患有先天性鼻后孔闭锁症，也就是双侧的鼻孔阻塞，不能呼吸。婴儿出生的第一个月，几乎不能用口呼吸，需要大人给予直接的帮助才能维持幼小的生命。稍有不慎，便会导致窒息死亡。而且，这种情况必须维持到1岁以后，也就是说要历经365个日日夜夜的精心护理，才能进行手术治疗。即使手术，对于医生来说，也是十分棘手的事情。采用激光疗法，只要在鼻腔后面的闭锁处打孔，马上就能呼吸畅通。激光刀快速、准确同时具有止血的作用，使初生婴儿免除痛苦和生命的危险。整个手术仅仅需要几分钟。临床经验表明，疗效极好。

视网膜焊接

长期流传着"爱护自己的眼睛，就像爱护自己的生命一样"的说法。爱护自己的眼睛，保护自己的视力是一件十分重要的事情。

眼睛的构造，简单说来，就像一架照相机。视网膜就像照相机的感光底片，瞳孔就像照相机的通光光圈，晶状体就像照相透镜。由景物散射的光，通过瞳孔，射入晶状体，会聚在视网膜上，光线被视网膜上的视紫红质吸收，通过和它相连的视神经，把景物的信息传达到大脑，产生景物形象的感觉。但是视网膜和眼球的其他部分的连结不太牢固，如果高度近视再加上用眼疲劳或者外伤，常会造成视网膜从色素上皮层脱落下来，导致视力急剧减退，甚至完全失明。

利用激光技术，可以把脱落的视网膜重新焊接上去。通过半透膜反射镜，使眼底照明光源和激光器的光线一起射向二向色镜，由它反射后射入眼底视网膜上。医生通过二向色镜，既可以看清病人的眼底，又能按动电纽，使脉冲式激光射入视网膜的脱落处，将视网膜重新焊接起来。

激光焊接视网膜，每次光脉冲的作用时间很短，仅有几千分之一秒。病人没有疼痛感。激光焊接不需住院，只需一般的门诊治疗就可以了。

激光治疗法给广大眼病患者带来了福音。我国已有二十几个省、市开展了激光治疗眼病的工作。治疗眼病的种类在 20 种以上，其中疗效最好的是激光切除虹膜和视网膜焊接。

奇妙的光针——激光

针灸是祖国医学宝库中一门重要的学科，已有几千年的历史。针灸是针刺和艾灸的简称。针刺就是用金属做成的不同针具通过刺激人体穴位达到治疗目的。艾灸是将艾叶做成的艾绒点燃，熏灼人体穴位的一种治疗方法。它们都是通过人体经络穴位来发生作用的。

按照中医的观点，人体健康说明脏腑经络的功能活动正常。一旦受到致病因素的侵犯，则脏腑或经络的功能，就会遭到损害，体内的气血流通就会受到障碍而发生疾病。用针灸疗法，主要使气血的流动畅通，促使发生障碍的经络功能活动恢复正常。

"经络"不同于血管、神经，看不见、摸不着，长期以来一直是个迷。近年来，通过激光和现代科学手段，初步揭开了经络的奥秘。研究查明，人的皮下组织中存在着电阻小的通路，它们相当于经络。在这些通路上，还有电阻特别小的一些点，这就是穴位。

一般说来，导电性好的物质，其导热性也好。因此，当具有热效应的激光作用于穴位时（激光可以透入皮下组织 15 毫米左右），穴位处温度升高，并且通过经络系统传导出去，起到针灸刺激组织生长、舒张血管、镇痛麻醉的作用。所以激光这根"光针"像"银针"一样能治疗很多疾病。

一个有趣的激光实验，初步证实了人体经络系统的存在。光本身就是电磁波，应该像无线电波那样，能够沿着电阻小的经络系统传播。有人用激光照射人手上的"合谷"穴位时，在同一条，"手阳明大肠经络"系统上的"曲池"穴位，测量到了"电信号"，而在不同的"手太阴肺经络"系统上的"尺泽"穴位，却测不到电信号。尽管曲池和尺泽穴位同分布在手臂上，结果却截然不同。这说明激光信号的确沿着电阻较小的同一条经络系统在体内传导，而不能传导到不同经络系统的穴位上。经络系统确实在人体内存在，这已经为国内外许多医疗部门的实验和病人的经历所证实。

我国自 1978 年开始用激光光针穴位麻醉进行手术。先后应用于甲状腺、胃、产科、口腔等手术。国外对针灸也颇感兴趣。70 年代以来，西德、前苏联、美国、奥地利、匈亚利等国都开展了对激光针灸的研究，甚至掀起了激光针灸热。如奥地利首都维也纳，成立了针灸研究所，每年有 1 万 ~ 1.5 万名患者接受针灸治疗，其中光针疗占 30%。前苏联用激光对膝部、肩部、踝部、腕部以及手脚等处有风湿症状的关节进行照射，同时结合激光对一些穴位针灸，也取得良好的效果。激光照射时，肌肉中的小血管，周围关节和皮肤之间的渗血过程得到加强，起到畅通气血的功效，使关节处组织更快获得营养，有利于恢复关节的功能。美国用光针治疗脑或肾髓神经受损，也取得一定的疗效。

激光针灸的奥秘尚有待于人们进一步去探索，把古老的中医针灸理论与现代科学研究结合起来，激光有着许多独特的优点，光针一定会比银针产生更多的生物物理效应，显示更多奇特的疗效。

癌细胞的克星

人们谈起癌症，常常很恐惧。全世界每年有许多人死于癌症，人类目前还不能完全征服它。

现已查明，90% 以上的癌症是环境引起的，在我们生活的环境里，存在着上千种能致癌的化学物质。为什么化学物质能导致癌症的发病呢？1983年，西德拉狄克提出一种化学物质致癌的新学说。

大家知道，自然界之中所以种豆得豆、种瓜得瓜，主要是生物细胞核内的脱氧核糖核酸（简称 DNA）在起作用。DNA 是一种遗传物质，在 DNA 里面，都以"密码"形式蕴藏有遗传的各种特性信息。拉狄克认为，在 DNA 中同样存在着致癌的"密码"，即存在着正常细胞转变为癌细胞的可能。当致癌的化学物质与 DNA 结合时，打破了结合在 DNA 致癌密码外面的蛋白质保护层，这样致癌密码就出来闯祸了，使正常细胞转变为癌细胞，最终表现为癌症。

除了探明癌变的真正起因外，如何及时发现它，及早对付它是目前战胜癌症的主要手段。近年来，激光在诊断和治疗方面，已经取得了很大进展。目前，我国以及美国、日本、澳大利亚等国都在积极研究癌症的激光疗法。美国需要接受激光疗法的患者，估计有 40 万人。

利用激光激发物质（包括癌细胞）发光的原理，可以诊断癌症。前面已经谈到，物质都是由原子和分子组成。当受到光的照射时，原子或分子吸收了光的能量，使电子跃迁到较高的轨道上去。电子自发地跳回到低轨道时，就伴随着发射特征光谱。

利用激光激发光谱的方法来诊断癌细胞，主要有两种方法。一种是将血卟啉衍生物注射到癌症患者的体内。血卟啉是从牛血中提炼出来的，将它注入体内后，它会向各组织扩散直到被体内正常细胞清除；但是在肿瘤部位，它停留的时间比在正常细胞内长得多；再用激光照射，癌组织会发出红色的荧光，从而显示出癌变的部位和大小，即使早期癌变也能及时发现。另一种方法是用激光直接照射可能癌变的部位，癌细胞能发射出独特的光谱，从而诊断癌细胞的存在。用氩离子激光激发胃癌组织，可以观察到癌细胞的荧光；用氮分子激光照射肿瘤病变区，可以观察到正常细胞所没有的，与癌细胞生长过程有关的红光 6300 埃和 6900 埃光谱，根据这种光谱就可判断肿瘤是否恶性。上海市口腔医学研究所用这个方法，对近百例口腔科肿瘤患者，进行临床诊断，准确率达 89%。对 11 例皮肤肿瘤患者进行检测，有 10 例与肿瘤组织切片检查的结果相符合。激光已经成为检查癌细胞的有力武器。

激光要真正成为癌细胞的"克星",首先要能发现它,随后就要杀死它。

激光治癌有两种途径。一种是直接对癌肿块施行光刀手术,将癌组织切除。但是,激光束在切割时难免也要把健康部位切掉。另一种更为巧妙的方法是"间接杀伤"。血卟啉衍射物在光的作用下发生化学反应,产生氧原子。氧原子比空气中的氧分子(由两个氧原子组成)活泼得多,具有很大的活性,能够杀死癌细胞。利用这个效应,可以将血卟啉注射入癌变部位,然后用激光照射,产生的氧原子就会杀伤癌细胞,使肿瘤坏死,结痂脱落,这种疗法叫作"激光放射疗法"。

美国自1976年开始,已有1500个癌症患者接受激光疗法。事实证明,激光疗法对皮肤癌、气管癌、肺癌、食道癌、膀胱癌、脑及眼部肿瘤等均有疗效,治愈率在70%以上。日本也用此法诊治各种癌症,甚至对晚期患者,也有较好的治疗效果。

激光汉字编辑排版系统

王选是北京大学数学系计算机数学专业的毕业生。还在大学里读书时,他便梦想着怎样把电子计算机用于印刷行业。王选知道在信息爆炸时代,印刷品占信息载体总量的70%以上,落后的中国印刷术却严重地阻碍了信息的传播。要是能够通过电脑实现无纸编辑和照相排版,中国的报纸和书刊的排印速度将会大幅度提高。可惜王选的想法一直没有条件实施,再说他患上了结节性动脉周围炎这种罕见的病,只得一边与死神搏斗,一边和妻子陈堃銶为心中的计划奔忙。正在这个时候,国家在北大建立了"748"工程,王选兴奋极了,他感到自己的病也好了,多年的梦想将会变为现实。

汉字信息压缩技术

然而,王选今天面对的是新的数学难题。用计算机作汉字的编辑排版,首先得有字模。这字模不用铅字，也不用字模模板，而是计算机"认识"的数字化文字。所谓数字化文字，就是将每个文字分解成许多小格，这些小格分为有笔画或无笔画两种：每个小格对应计算机中一位，有笔画的位存"1"，无笔画的位存"0"。这样，每个文字就由"0"和"1"的点阵组成。就像复制一幅图画一样，把格子分得越多，表达这幅画就越接近逼真。根据精密照排的文字质量要求，报纸上一个字宽与高均为 3.675 毫米的五号字，需要分解成 1 万个小格。

做汉字字模还遇到"三多"：字数多，字体多，字号多。汉字多如"牛毛"。从印刷书报要求看，不仅要收有 7000 个左右的字，还得分别有 10 多种字号、字体，算下来，总共得有 65 万个汉字字模。这些字模用数字点阵表示，则要 200 多亿位的存贮量，需要 20 台次容量的电子计算机。难怪一些技术先进国家，对中国汉字的进出电子计算机，也都"望字兴叹"。

可对王选来说，越算这笔"帐"感到越来劲，他感到方块汉字凝聚着中华民族惊人的智慧，外国人解决不了的困难，中国人一定会创造出新的前景。他像着了魔似的天天对着报刊杂志琢磨着对策，经常彻夜不眠。有时，他会对着汉字的一点一划一看就是半天，分析汉字的结构特点和变化规律。他的妻子越看越心疼，担心他的身体，开始是劝他，后来发现这根本没有用。劝说不如帮助；陈堃銶干脆帮助他工作，成了王选的得力助手。

1975 年，王选对汉字特征作了大量的研究后，创造出一种"汉字信息压缩技术"。他把有一定规则的部首，边旁和"头"、"脚"、"肩"等预先存好，给予一定量的表达它们特征的代号，每个字的规则部分，就可以到预存的地方取现成的"帽子"戴在"头"上，用现成的"鞋子"穿在"脚"上，这样，使庞大的汉字字形信息量骤然压缩为原先的 2%，随后，他又借助数学方法推导出一套递推公式，迅速准确地把压缩了的信息还原。他还发明了一种失真最小的文字变倍技术，使字模像孙悟空的金箍棒一样，能进行大小、长扁、斜正的变换。

四路激光照排机问世

王选的发明，解决了数量惊人的数字化点阵字模存贮问题后，北京大学的"748"工程会战组成员开始了激光精密照排机的试验。他们用电子机算计存放文字，并"拣出"字来控制一支1米余长的大功率激光器作照相排版试验。在实验室里，花了1年半时间，原理试验成功了，但不能成为精密激光照排机。

1978年秋天，杭州522厂的60路信函传真试制组刚从广西回到杭州，风尘仆仆地赶来两位北大的老师。一位是光学专家张含义老师，一位是从事电子物理研究的李新章老师。他们从全国科学大会上了解到该厂的信函传真机，就是采用声光调制技术，控制激光输出文字信息的，于是"跟踪追击"，争取援助。出人意外的是，该厂有一批非常出色的科技人员，特别是郭宗泰、陈福民、应文涛三位电、机、光主持设计师，他们丰富的实践和工程设计能力，加上忘我的工作精神，注定要成为激光照排机取得成功的"无名英雄"。

听了两位老师对"748"工程的介绍，他们"一拍即合"。当时国产的激光器最短的是200多毫米，且功率较低，他们经过反复的比较和测试，巧妙地采用四路激光组成的激光车方案。四路激光犹如四支"光笔"，同

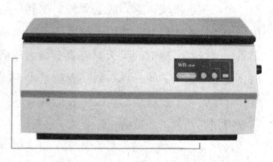

激光照排机

时相对底片作匀速移动，"画"出四条很细的线条，每条粗细仅约1/30毫米；这样，计算机要同时送出文字点阵的前后4个信息，提供照排。这需要对电路、光路和机械作精密的设计。电路信号小，光路来放大，光路有漂移，机械来调整，他们互相协调，取长补短，解决了一个又一个难题。

为了这个方案的实现，为了中国的照排机赶在外国的前面，他们废寝忘食地工作着。郭宗泰夜以继日，反复试验电路的抗干扰性能；陈福民、应文涛为了四路激光的调整的方便和一致性，没日没夜地试验着。当年冬日的一天，杭州下了一场少有的大雪，交通全部中断。早晨9点来钟，陈福民踩着雪进厂时，遇到一位住在厂里的领导："对不起！雪大，我迟到了"。

"什么，这么大的雪，你怎么来上班的？""我是从城里几十千米走来上班的。"这位领导感动万分，为了激光照排机，今天他是唯一上班者。陈福民为了早日出设计图，竟3天3夜不睡觉，饿了啃个冷馒头；困了，在图板上打个瞌；仅半年时间，就把一台精密激光照排机发运到北京大学。

1979年6月23日，在北大"748"工程实验室，老师们都在忙着调试系统，准备向人大献礼，根本没时间照应这台新研制的激光车。再说，新的激光车未经过考机、调试，谁能保证它可行。随机而来的郭宗泰、陈福民、应文涛3个急了，他们顾不得火车上一夜没睡觉，就从按排他们休息的招待所赶到机房，连夜调机测试。直到第二天的下午，他们认为有把握了，就去求李新章、张含义两位老师，抽系统人员休息的空隙，拉根线过来，联到系统上试一试。线接好了，分盘测试好了，电、光、机指标符合了。开机，照排，然后拿到暗室冲洗出排版底片。出于意料，激光照排机非常成功！"热烈庆祝第五届二次全国人民代表大会胜利召开！""向第五届第二次全国人民代表大会献礼"；"我国自行设计制造的计算机——激光汉字编辑排版系统主体工程研制成功！"几行端正秀丽的文字，在50倍放大镜下一看，笔锋镌秀，简直比铅字印的还漂亮。

▌ 计算机的诞生

1945年底，世界上第一台使用电子管制造的电子数字计算机在美国宾夕法尼亚大学莫尔学院研制成功，并在1946年2月15日举行了计算机的正式揭幕典礼。这台电子计算机总共用了18800个电子管，耗电140千瓦，占地150平方米，重达30吨，每秒钟可进行5000次加法运算。电子计算机的诞生是人类最伟大的发明之一。

按照组成计算机的元器件的技术发展水平作为分类的依据，计算机技术的发展已经走过了4代。

第一代计算机是电子管计算机（1945～1954年）。主要特点是：基本逻辑部件采用电子管；主存储器采用汞延迟线或磁鼓；外存储器采用磁鼓和磁带；计算机总体结构以运算器为中心；软件采用机器语言。1946 年，冯·诺依曼和戈德斯坦发明了所谓的流程图，成为最早的程序语言。在第一代计算机时期，计算机操作者除要懂得基本的流程图外，还要熟练而无差错地掌握机器语言。

人类第一台计算机

第二代计算机是晶体管计算机（1955～1964 年）。主要特点是：基本逻辑元件采用晶体管分立元件，运算速度有了很大提高，每秒可达数百万次；软件有了很大发展，发明了多种计算机高级语言和编译程序；应用以数据处理为主。

1956 年克雷研制成功第一台晶体管计算机 –1605 计算机，标志着电子计算机的发展正式进入了第二代。1957 年，IBM 创造了公式语言 FOR-TRAN；1959 年，美国数据系统语言委员会发明了商用语言 COBOL；1960 年，美国计算机学会和德国应用数学协会又共同研制了算法语言 ALGOL；1964 年，达特茅斯大学的凯梅尼和克兹提出 BASIC 语言，等等。随着计算机高级语言的推广，计算机的应用范围扩大到工业、商业、交通、通讯、政府和医疗等多个领域，从单纯的科学数值计算扩展为商业数据处理的应用。

第三代计算机是集成电路计算机（1965～1974 年）。主要特点是采用中、小规模集成电路，计算速度达数千万次，体积减小、可靠性提高、价格下降、应用领域扩大，大型和小型的计算机都到迅速发展；软件设计进一步成熟，有操作系统、编译系统等的软件。1964 年，IBM 公司研制成功 360 系列的混合固体逻辑集成电路计算机。这一成就标志着采用集成电路的第三代计算机的诞生。

第四代计算机是大规模集成电路计算机。主要特点是：采用大规模集成电路，内存储器普遍采用半导体存储器，并有虚拟存储的能力；硬件和软件技术趋于完善；运算速度每秒达到数百亿次以上；在技术上继续向巨型化和微型化两个方向发展。计算机应用的主流从初期的数值运算演变到信息处理上来，数值计算只占 10%，过程控制占 5%，而信息处理占 80%。1971 年英特尔公司（Intel）发明的微处理器 4004 和德克萨斯仪器公司（TI）生产的超级计算机"高级科学计算机"标志着计算机的发展进入了第四代，具有通用、灵活和个性化的特点，拓展了计算机应用领域和发展范围，并在全世界普及。

第五代计算机属于正在发展和尚未完全定型的一代计算机。一些专业人士认为：它将采用生物技术、纳米技术和量子技术，是一种更为智能化的、多功能化的、具有能量、信息处理能力和使用特殊材料制成的先进计算机。

五笔字型的发明

说到五笔字型输入法，每一个人都陌生。那么，五笔字型输入法的发明者是谁呢？他就是王永民。

王永民，1943 年 12 月 15 日生于河南省南阳南召县一个农民家庭。1962 年考入中国科学技术大学无线电电子学系。1978～1983 年，以 5 年之

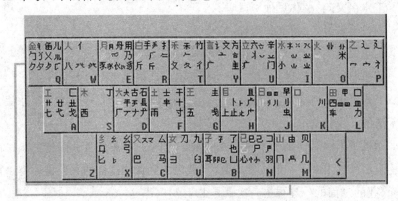

五笔字根图

41

功研究并发明"五笔字型",以多学科之集成和创造,提出"形码设计三原理",首创"汉字字根周期表",发明25键4码高效汉字输入法和字词兼容技术。在世界上,首破电脑汉字输入每分钟100字大关,获中、美、英3国专利。

王永民现任中国科协委员、中国民营科技实业家协会副理事长、北京王码电脑总公司总裁。永民在饭馆吃饭。一人走上前问:"你是王码吗?"王永民起身说:"我就是王永民。"谁知那人连忙道歉:"对不起,我认错人了,我找王码"。

王永民出国,海关检查。王永民递上签证,海关工作人员看了王永民的签证后,从座位上弹跳起来,立正给王永民敬了个礼,王永民吓了一跳,以为自己的签证出了什么问题,海关人员毕恭毕敬地说:"王老师,我们正在学习您的五笔字型。"54岁的王永民回国不到一年自己开车被警察抓住过9次,其中有7次,当交警得知他就是王码的发明人王永民时,大手一挥,说句"王老师,你下次可得小心点。"就放行了。

王永民打出租车。司机问去哪儿?

"到王码公司。"

出租车司机说王码公司老板可有钱了。

王永民问:"你怎么知道他有钱。"

司机回答说:"王码公司老板坐卡迪拉克。"

王永民又问:"你见他坐过吗?"

司机笑着说:"想都想得到。"

王永民也笑着说:"你认识王永民吗?"

司机憨厚地回答道:"我一个司机怎么会认识他那样的大老板。"

王永民乐了,他说:"小伙子,你可别这样说,你是干活的,王永民也是干活的。我就是王永民。"

司机听了以后,来了个急刹车,从车上跳了下来,两手握住王永民的手,眼泪都流出来了。他诚恳地说:"我没想到像你这样的大人物还坐'面的',我的'面的'让你坐一次真是太荣幸了。"

那么,这么低调的王永民是如何发明并推广五笔字型输入法的呢?五笔字型轰动一时，被新华社 4 本"内参"评价为"不亚于活字印刷术"的伟大发明。王永民被邀请到联合国讲学。从河南的观点看，希望"金娃娃不要跑出河南"。但王永民认为，河南出小麦，出玉米，在河南连个电脑都找不着，怎么推广？

"我是个实干家，我做的东西一定要有用，通过调研，我知道国内亟需输入法，我们买了日本人很多大键盘，简直是遭罪，而且，钱都让日本人给赚了去。"

1984 年，王永民带着一台 PC 来到了北京，在 CCDOS 作者严援朝的帮助下，将五笔字型移植到了 PC 上。王永民在府佑街 135 号中央统战部的地下室 7 号房间，一住就是 2 年。

王永民回忆起当年，不无感慨地说："非常苦，一天 7 元房钱，我都出不起。"

王永民推广五笔字型的方法是一个部委接一个部委讲五笔字型，虽然不少部委在自己的机器上移植了五笔字型，但大批人员需要培训。

"谁请，我都去讲；中午有饭去，中午没饭也去；讲 3 天，讲 5 天都行。我全部费用自理，一分钱不要。"王永民每到一个单位，都会遇到人说这个输入方法好，说那个输入方法好。他们要王永民评价一下别的输入法，他不去说别人的，他只淡淡地说自己都研究过。其实，王永民的推广工作，直到现在仍然在做。他请长征组歌的曲作者生茂先生把他的 98 王码助记词谱成了《还是王码好》歌曲，请黑鸭子合音组用流行歌曲的方式演唱。

正当王永民在地下室受穷的时候，DEC 掏出 20 万美元购买了五笔字型专利使用权。1987 年 3 月 6 日，王永民从地下室搬到远望楼宾馆。

1989 年 7 月 25 日，王码电脑工程开发部成立，当时不让注册公司。在这之前，王永民就成立了一个王永民中文电脑研究所，经营他请香港人开发的汉卡，一块汉卡卖 1700 多元。"我从小就做过一些生意，摆摊刻图章，一个图章 5 分钱，上初中给人理发，理一个头 5 分钱。我当时有一个想法，与其让人去移植五笔字型，还不如我移植好了卖给他们。"

1998 年，54 岁的王永民感到经营公司有些力不从心，尽管王码公司很早就生产出了自己品牌的计算机，但王永民认为王码公司今后不会再做 PC

了。"我想请一个合作伙伴，我首先不管钱，我不会管钱，外面欠我600万元，我都要不回来。我要让我请的人来管公司，我全让他管。我非常羡慕王选能有时间专心致志搞研究，我还有很多新发明，从美国回来，我申请了12项专利。比如，翻译荧光笔，看英文书的时候，不认识的单词，用这个笔一划，就能读出汉语的声音。搞发明才是我的长项，我在医院输液，看到输液瓶子有许多改进的地方，我总是在琢磨发明个什么东西，可不愿整天琢磨着怎样管理公司。"

对各种各样的非议，王永民总是不加理睬。"我清楚地知道，非议的最终目的是让我一事无成，这个账我算得很透。如果我真的分出精力，拿出时间来对付、批驳这些非议，那么，我刚好耽误了时间，乱了自己的阵脚。所以，我不理睬，只要我的成果比他忌恨的还要好，他自己就蔫了。"

对于名利，王永民把它称为过眼烟云，"给你这个荣誉、给你这个称号，就像作业做得好，妈妈给块糖似的，鼓励鼓励你而已；如果你认为从此可以不做了，下次肯定就没有这块糖了。五一劳动奖章、全国劳动模范、全国十大科技实业家、北京市十杰共产党员，这些都是事后我才知道的。"

王永民非常崇拜爱因斯坦。"理论力学发展一筹莫展的时候，爱因斯坦居然能够一锤定音，解释了所有的东西，把原来矛盾的东西都融合到一起了。"王永民认为，他的"形码设计三原理"，在汉字输入理论上具有《相对论》的意义。

王永民还崇拜拿破仑。"我上大学的时候，《拿破仑传》我能够从头说到底。我欣赏拿破仑的人格和拿破仑的大气。谁都不敢去毁坏一个城市，但是为了战役的胜利，拿破仑就敢炮轰土仑，不惜一切。"

▌ 电影的诞生

1895年12月28日下午，在法国巴黎卡普辛路14号的路易丝咖啡馆里，有20多个人一边喝着咖啡，一边等着放映所谓的"电活动画面"。这些人是被好奇心驱使，再加上卢米埃尔兄弟的苦口劝说，才来到这里的。

卢米埃尔兄弟安放好了银幕的放映机后，电影开演了。尽管所放映的片子内容极为简单，而且没有声音，但它还是使全场的观众都看出了神，每个人都为这样的效果惊叹不已。从此，一种新的艺术娱乐形式——电影诞生了。

说起电影的产生，还得从人们对"视觉暂留"现象的认识和研究说起。

人的眼睛会产生一种现象，就是当你看了一种发光物体之后，闭上双眼，在短短的 1/20～1 秒之间，仍然会感到这种发光物质的存在，这就叫做"视觉暂留"。这一现象是由英国生理学家罗吉特在研究中发现的，他的发现为电影的诞生奠定了坚定的科学基础。

卢米埃尔兄弟

1830 年，英国人霍纳制作了一种"活动画片玩具"。他用一条 30 厘米宽的纸带，横着画上动作近似的人或动物的连环画，将纸带贴在圆筒上后快速转动，另从一个小窗看去，画面的连续移动就会使人或动物变得活动起来。

就是这个简单的玩具，启发着科学家们，为制作一种可以把形象再现的电影而不断地进行探索。

从"活动画片玩具"跨进电影时代，需要解决 3 个基本的技术难题，一是电光源方面的技术，二是电影机械方面的技术，三是摄影方面的技术。没有这三方面的技术突破，是不可能跨进电影时代的。

从 18 世纪末伽伐尼发现不同金属产生电，到伏打发明了电池，奠定了电源技术的基础。此后，英国化学家汉弗莱·戴维在 1811 年用 2000 个电池联成的大电池组，制造了碳极电弧，发明了电弧灯。1879 年，美国发明家爱迪生又发明了电灯。这样，电光源方面的技术发展，为电影技术提供了手段。

19世纪，摄影技术的日臻成熟，则使电影成为现实。

人类的摄影最早萌芽于"小孔成像"。人们通过移动图画或实物与小孔的距离，来放大或缩小影像，这就奠定了照相机的技术理论。18世纪末，科学家们又先后发现了具有感光性能的氯化银和硫代硫酸钠能溶解氯化银，从而发现了摄影技术中的感光原理、显影和定影原理。此后，摄影技术一日千里地飞速发展起来，1802年，原始的感光相纸在英国首先制成。1827~1839年，法国的德克拉又摸索出一套"银板照相法"。

随着照相技术的不断提高，涌现出一大批职业摄影师，他们的实践为电影的诞生积累了丰富的经验。1877年，美国摄影师梅勃里奇用12架照相机等距离拍摄了一匹奔马的运动照片，使人们开始研制能够连续拍摄的照相机。

世界第一台有声电影机

1888年，法国人玛莱制成了世界上第一架连续摄影机，但拍摄速度还不够快。1892年，英国发明家第米尼和雷诺各自放映了时间极短的活动电影，这是原始电影。1894年，爱迪生制成了一种名为"电影视镜"的装置。这里面可以装一盘15米长的连续照片的胶片，每秒放映46~60个画面。

这个装置给法国的卢米埃尔兄弟以很大启示，经过两人的反复调试改进，1895年，他们制成了新型电影放映机，并在这一年的圣诞节后不久，展示了这一发明，电影终于诞生了。

1916年有声电影问世，1940年彩色电影诞生，成为人们文化生活的重要组成部分。

"电视之父" 尼普科夫

　　电视出现在本世纪 20 年代，成为 20 世纪科技大厦的一根重要支柱。可是，关于电视原理的构想，在电视出现前的 40 年就已经有人提出来了。这个人就是德国的保罗·尼普科夫。

保罗·尼普科夫

　　1860 年，保罗·尼普科夫出生于德国的一个小城劳恩堡。在他的青少年时期，世界上的科学技术有了重大突破。例如，1876 年贝尔发明了电话，1879 年爱迪生发明了电灯，有轨电车开始代替马车……所有这些，都给了尼普科夫以很大的影响。他想，既然声音可以用电来传送，那么图像为什么就不能用电来传送呢？

　　为了寻找科学的真理，尼普科夫离开了家乡，来到柏林，在当时誉满天下的黑尔姆·霍尔茨的指导下从事物理学和电工学的研究。他想，如果能把一幅图像分解为无数个小点，将这些小点的明暗经过一个光电转换器件转换成大小随之变化的电流传送出去，到对方后再通过相反的过程组合还原成原来的图像，不就可以达到以电传送图像的目的了吗？尼普科夫的这一设想，正是现代电视的基础。

　　尼普科夫不但提出了设想，还亲自制作了一种实现分解图像的装置——机械扫描盘。

　　1883 年，尼普科夫才 23 岁。就在这一年的圣诞节，正当人们沉浸在节日的欢乐中时，尼普科夫独自埋头在柏林的小小工作室里，制出了著名的"尼普科圆盘"。

尼普科夫圆盘是什么样的一种东西呢？原来，它只是在上面钻有一些小孔的圆盘子（叫机械扫描盘）。当这个盘子转动起来的时候，通过盘子上的小孔来看盘子后面的景物，就会看到一个

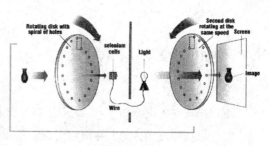

个亮点和暗点，它们是和景物的明暗相对应的。这就好比把一幅图像分解成为许多亮点和暗点。当然，要使这些亮点和暗点清楚地表现景物，必须提供很强的照明。把通过机械扫描盘获得的代表图像的亮点和暗点转换成电信号进行传输，在接收方再用同样的扫描盘把电信号还原为光信号，便能使发送图像得到再现。

显然，用尼普科夫的机械扫描盘来实现图像传输，所得到的图像是十分粗糙和模糊的。如果说这是"电视"的话，也只能说是十分原始的电视。从此，尼普科夫毕竟作为电视原理的奠基人而载入史册，受到人们的尊敬。

1912 年，德国的耶斯塔和盖特发明了"光电管"，它是根据光的强度，而转换为不同强度的电能作用的，它的效能就要比"光电池"大得多了。1924 年，光电管不仅达到了完善，而且已用于各个方面。这时，美国的福雷斯发明了三极管，它能把微弱的电流放大，科学家们的辛勤劳动，使电视的发明为期不远了。

我们知道，一张拍摄得很好的照片有着不同的光亮和阴影。如果在靠近一块硒板的地方放一张照片，再把一束光投射到照片上，并移动光束照遍照片的各个部位反射到硒板上，那么，硒板上的感光便会随着图像的明暗变化而产生各种强度不同的电流。这一过程就是图像的"扫描"过程。产生的电流随后被输送给发射机，由发射机用线路或无线电波发射出去，再由接收机接受，并把电波转换成明暗不同的图像，这是最初的摄像显像过程，不过这个过程只能产生静止图像，而电视需要的却是活动图像。于是，人们采用了电影放映的原理，在 1 秒钟内转换图像 20 多张，获得了连续运动的印象效果。

1924 年，英国工程师拜尔德，最先研制成功了机电扫描黑白电视机。他把钻了许多洞洞的圆盘安装在一根织针上进行扫描，将光投射到转动的圆盘上，圆盘按固定的顺序照亮了图像的不同部位并将其转换成电流，他将这些强度不同的电流发射给 1 米以外事先准备好的接收机，接收机又将电流变成了图像。第二年，拜尔德进行了电视试播。1928 年。拜尔德又在英国首次进行了机电式彩色电视试播。他的摄像机有 3 个摄像管，分别摄取红、绿、蓝 3 种颜色的图像，当这 3 种颜色的图像按场顺序投影在屏幕上时，由于速度极快，3 种颜色的图像就混合成自然色的图像。

■ 留声机——会说话的机器

被人们誉为"发明大王"的爱迪生，总共只念过 3 个月的小学。因生活所迫，他从小就给人赶马车，12 岁时就在火车上当报童。但他喜欢读书，11 岁时，他就自学了《科学百科全书》和牛顿的著作。他更喜爱做各种小实验，为了做实验，他曾接连三次遭解雇。

爱迪生发明的第一部机器，是 22 岁那年在华尔街工作时构想的证券报价机。当他打算将这项发明卖给一家大公司老板时，竟对报价 3000 美元还是 5000 美元犹豫不定，只是说："至于价格么……"该老板却接口说："4 万块怎样？"从此，爱迪生开始有钱了，他把大笔金钱和全部聪明才智投入新的实验和发明。

1876 年，爱迪生在新泽西州的

爱迪生与他的留声机

人
类
发
明
史
上
伟
大
的
贡
献

RENLEIFAMINGSHISHANGWEIDADEGONGXIAN

的门罗公园建了一个实验室。这里环境幽静，有一条蜿蜒的小河把鹅毛绒似的草地一分为二；小河尽处的灌木林中，就是爱迪生的新办的研究实验室。在这个当时鲜为人知的地方，爱迪生从四方请来了一批优秀的人物，如瑞士的钟表机械师克罗西、英国工程师巴契勒、法国数学家厄普顿、技师勃格曼和玻璃吹制工贝姆等。

1877年，爱迪生为了使电话实用化，对贝尔公司发明的电话作改进试验。由于爱迪生耳聋，听不太清楚声音，但他发现传话器的膜板会随着说话声音而相应震动。于是，他想探索一下话音与震动的关系。他找来一根短针，一头竖在膜板上，一头用手轻轻按着，再对准膜板讲话，手指头感到短针在颤动，话音高，针颤动也快。试着试着，爱迪生的脑里突然闪过一个念头：既然声音能使短针颤动，那么倒个头，这种颤动反转来也一定能发出原先说话的声音。这么一想爱迪生倏地起身，掏出一本笔记本，随手勾画了一个奇妙的设计草图，大声地呼喊克罗西："快！把它造出来！"

"OK！"克罗西连图都不看就一口答应了。因为这个手巧的机械师不论爱迪生的设计图怎样简单、潦草，都能准确地将它制作出来，而且非常漂亮、灵活。

果然花不了个把小时，克罗西已经把这个奇特的机器拿到爱迪生的案头。一个铁圆筒，连着一个摇手柄，一根针可以轻擦着它转动，针又和一个受话机连接，受话机既可向针传递音波，又可以接收从针上传来的音波。克罗西虽然造了这玩艺儿，但不知有什么用，便问"这东西干啥用？""这个机器大概可以说话了。"爱迪生诡谲地一笑。克罗西以为在与他开玩笑，便嘲笑道："这铁制的家伙要是能说话，我就送给你一筐苹果。""你说话算数？""算数。"只见爱迪生取下铁筒，小心地裹上一层锡箔，然后咳了两声，清了清噪子，右手扶着摇手柄，卷着锡箔的铁筒在针下缓缓地旋转着，爱迪生对着受话机唱起一首美丽的儿歌："玛丽有只小羊羔……"克罗西坐在桌子对面疑惑地看着。实验室里的助手和工作人员也都围了过来。爱迪生唱完了儿歌，把针又放回到开始时的位置上，再慢慢地摇动手柄。只听机器里传出了爱迪生的歌声："玛丽有只小羊羔，一身幼毛白似雪。不管玛丽往哪去，它总跟在后面跑。"

"天哪，这到底是发生了什么事情啊！"克罗西用德语惊呼了起来。他赶紧从衣袋里掏出一把钱来递给一个工人说："快去！到门口去买筐苹果来。"爱迪生连连摆手阻止说："慢着，请安静。"他又将针挪回，再一次轻轻摇动手柄，那机器里突然传出了克罗西的沙哑声音："快去门口，去买筐苹果来。"这一下，全屋子里人哗地一下笑出声来；工人们敲打着手里的工具，抛起手套、帽子，那欢笑声冲出了窗外在谧静的夜空中回荡。

留声机

接着爱迪生对这台机器作了多次改进。同年 12 月 6 日，第一台留声机问世了。1878 年 6 月，爱迪生在为《北美评论》撰写的《留声机及其未来》一文中，对留声机的作用，作了如下评述："它有无需记录员进行听写，辅导盲人学习，教习发音，朗诵和演讲，进行音乐欣赏，家庭录音，教学辅导，作为电话附件等功用。"

鲍尔森与磁带录音机

丹麦有位科学家，叫鲍尔森。他和许多国家的科学家一样，都在努力改进爱迪生发明的留声机。使用留声机时，要对着大喇叭高声讲话，很不方便；打电话就不一样，轻声讲话和歌唱，对方都能听见。电话是靠话筒将声音的振动信号变成电信号，电线将电信号传到对方的话筒，由听筒将电信号还原成声音。如果能把电线无限延长，或者把声音留在话筒里，慢点变成电信号，岂不可以把声音的信号先变成某种信号存贮起来吗？想着，想着，鲍尔森感到已悟出一个办法来。

鲍尔森用钢丝做实验，钢丝在磁力的作用下会变成磁铁，在磁力消失后钢丝仍会留有磁性，科学家叫它为剩磁。如果磁化时的磁性较弱，那么钢丝上留的剩磁也较弱；相反，磁性强，剩磁也就越强。于是，他把一条长钢丝绕到一个卷轴上，钢丝通过一个电磁铁与另一个卷轴相连；话筒就与电磁铁

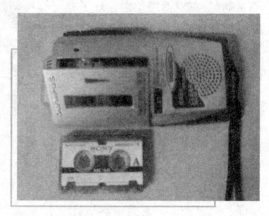

磁带录音机

的线圈相连。这样，电磁铁就把话筒里的电信号变成变化的磁场，变化的磁场又使钢丝磁化产生随声音强弱不同的剩磁，这样，声音就被记录在钢丝上了。这就是鲍尔森带到巴黎博览会上的钢丝录音机。

鲍尔森的钢丝录音机有个缺点，就是声音还太轻，再说钢丝使用起来也不方便，所以人们对它逐渐失去兴趣。

录唱歌再创钢丝录音

磁性录音机很快得到发展是在 1927 年以后，美国人卡尔松和卡本特发明了电子管组成的扩音器。这种扩音器既能把声音放大，又能除去噪音。这时，美国有个无线电爱好者，叫马文·卡姆拉斯。他从小就喜爱动手制作，自制一架晶体管收音机啦，搞一台无线电发射机啦，在亲戚朋友中很有点名气。马文·卡姆拉斯有个堂兄，喜欢在浴室里唱歌；一进浴室，就哼哼喔喔地唱开来了。有一天，这位堂兄心血来潮，他对浴室的镜子放歌，越唱越感到自己的歌喉可同歌唱家媲美，要是能将自己的歌录在唱片上该多好啊！于是他找马文·卡姆拉斯，要他设法帮忙。马文想：仅仅为了练习，用唱片录音太浪费了。现在有了扩音器，不妨用钢丝录音机试试。但钢丝从一个卷轴绕到另一个卷轴时，经常发生扭曲，以致损坏了录上去的

磁信号。马文试来试去，想出了一个好办法。他采用一个环形的电磁铁作磁头，将钢丝穿过环形磁头，使钢丝周围都处在磁场中，可以受到均匀的磁化。

马文·卡姆拉斯把一台创新的录音机制成后，就给他的堂兄进行录音。当他的堂兄得意地引吭高歌一番后，马文就把录好的钢丝倒回来。奇怪，倒钢丝时怎么能听到逆向的歌声，而在放音时，却一点声音也没有。这是怎么回事呢？马文继续进行研究实验，问题找到了。毛病出在录音时磁头被磁化了，因此当倒转钢丝时，声音就被擦掉了。于是他再给磁头进行消磁，这样，无论在正转或倒转都能放出录音，堂兄的歌声响彻房间。马文和堂兄都快乐极了。晚上，他们请来了许多同学和邻居，大家争着试录音，都为马文的录音机能如此真实地将声音录在钢丝上而赞口不绝。

磁带录音新贡献

早期的磁性录音要用质量很高的钢丝或钢带，非常笨重和不方便。录音机真正广泛流行和实际应用还是在发明磁带以后。1935 年，德国科学家福劳耶玛发明了代替钢丝的磁带。这种磁带是用纸带或塑料带作带基，带基上涂上一层叫四氧化三铁的磁性粉末，用化学胶体牢牢地粘结在一起。这种磁带柔韧有弹性，不容易断，又很容易剪接，携带和使用起来非常方便。由于磁带有这样一些优点，磁带录音机就很快得到流行，现在每年全世界磁带的生产量已超过了数千亿米。

在发明磁带以后，录音机本身也在不断改进，录音和放音的质量越来越高，有单声道的；还有立体声的；有的还和收音机组合在一起，成为收录两用机。由于磁带录音机不仅能记录声音频率

老盒式磁带录音机

的电流变化，而且可以记录任何一种能转变成电信号的量。电子计算机的二进位数码，可用磁带机记录；医学上的心电、脑电也可以用磁带机记录。所以，磁带录音机发明以后，很快被科学家想到用来代替机械式的录像唱片。1956 年 4 月，美国的安潘克斯在国家广播协会的内部展出了第一台实验性的磁带录像机。1959 年，美国总统尼克松访问前苏联。美苏两国首脑进行一场秘密会谈。不料，几分钟后，前苏共第一书记赫鲁晓夫就看到了双方唇枪舌剑的录像场面。这就是磁带录音机技术首次应用于记录图像和伴音的一个故事。现在磁性记录在人民日常生活中仍发挥它的"有声有色"的作用。

■ 电话的历程

电话，已经走过 100 多年的路了。从贝尔开始，式样繁多、功能各异的电话机不断涌现，令人目不暇接。现在，就让我们来看一看 100 多年来电话所走过的历程吧！

带摇把的电话机

最古老的电话机要算是磁石电话机了。这种电话机在外观上的最显著特征是安有一个摇把。这个摇把连着电话机手摇发电机的轴，摇动它，手摇发电机就能发出强大的电流，使对方铃响或灯亮，以完成呼叫对方的任务。由于手摇发电机上有块永久磁铁，所以我们管这种电话机叫磁石式电话机。磁石式电话机只能向与它固定连接的电话用户或人工交换台的话务员发出呼叫信号，而不能像现在大家经常使用的自动电话机那样，可以通过拨号或按键自由地选择通话用户。电话，顾名思义，是靠电来通话的，所以打电话时需要有电源。磁石电话机的通话电源是自备的，一般是使用两节大号干电池。除此之外，通常称作"话筒"的送受话器和铃，则是任何电话机都必备的。

磁石电话机要自备手摇发电机和干电池，显得十分笨重，而且有不能任凭自己选择通话用户的严重缺点，所以这种电话机在完成它的历史使命后正逐渐被淘汰。但是，也正因为它不依靠外界提供电源，在野战情况下以及在电力来源困难的厂矿、农村，它仍然在继续发挥着作用。

世界最早的电话

世界上第一个市内磁石电话交换所，是 1878 年 1 月 28 日在美国的康涅狄格州的纽好恩开通的，当时只有 20 个用户。

共电式电话机

大约是在 1890 年，一种既不用手摇发电机，又不用于电池的电话机出现了。它的电源是由电话局统一供给的，所以叫做共电式电话机。从磁石式电话机发展到共电式电话机，是一个重大的进步。共电式电话机不仅结构简化了，价格便宜了，而且使用起来也比较方便，拿起送受话器，便能进行呼叫。

欧洲第一个共电式电话交换机是 1900 年 4 月 15 日在布里斯托尔开通的。最初的容量为 1800 个用户。

装有拨号盘的电话机

早期的电话，只能是"一对一"地连接起来，也就是说，每一部电话机只能与一个固定用户的电话机连接起来。显然，这在电话用户日益增多的情况下，是难以适应的。后来相继出现了磁石式电话交换机和共电式电话交换机，它们都属于人工电话交换机。在那里，话务员把两个需要建立通话的用户用塞绳连接起来。后来，随着技术的发展，又出现了能够自动选择通话对方的自动电话交换机。电话机也跟着从磁石式电话机和共电式电话机演变成为带拨号盘的自动电话机了。

1908 年 7 月 10 日，第一个自动电话交换局在德国开通，拥有 1200 个用户。

拨号盘式电话机上的拨号盘是用来拨对方电话号码的。拨号时，带动电话机里的齿轮，齿轮的齿控制一个开关相应地动作，使电话电路中的电流跟着时断时续。譬如，拨"1"时，拨号盘

拨号电话

带动齿轮旋转一个齿的位置，它控制开关，使电话电路中的电流切断 1 次；拨"5"时，拨号盘通过类似的运作，使电话电路中的电流切断 5 次，以此类推。这样一来，拨号盘所拨的电话号码就被电话机里的机械动作转换成为相应的断续电流，发送给装在电话局里的自动电话交换机，控制自动电话交换机动作，把主叫用户的电话机和被叫用户的电话机连接起来。

用按键代替拨号的电话机

按键电话机是半导体技术应用到电话机的产物。每按一个数（键），电话机中的振荡器就送出一个高群频率信号和一个低群频率信号。这种多频混合信号在电话局的接收器里被变换成普通旋转式拨号盘所发出的直流脉冲信号，然后操纵电话交换机去接通主叫和被叫用户。

按键电话机

按键电话机与程控电话交换机相配合，还会带来以往电话机所没有的许多新功能。

能录音和放音的电话机

有时，当你给某人打电话时，几声铃声响过之后，便有一个亲切的应答音经受话器从对方传来："您好！我是录音电话机，现在主人外出，有事请留言"。这时，你便可以把要给对方讲的话"告诉"录音电话机。对方回到家中后，闪烁的红色指示灯便"告诉"他有人来过电话了。按下"放音"键，录在话机里的留言便会被复述一遍。

录音电话机是电话机和录音机的结合体。主人外出时，按下录音电话机上的指定按钮，当有人打来电话时，录音电话机便会自动放音，把主人事先录制好的"应答"传送给对方，然后，它自动由放音转为录音，把对方的"留言"记录下来。对方讲完话，录音机就自动关闭，准备接受下一个电话。

投币式电话机和磁卡电话

投币式公用电话机虽然较好地解决了无人值守、自动收费的问题，但美中不足的是，用户必须随身携带许多硬币。在那些用公用电话可以直拨国内长途电话或国际长途电话的国家，由于打长途电话费用高，使用者不得不带上许多硬币，并且要一个个地把硬币投入电话机的投币口，十分麻烦。针对这个问题，一种不需支付现金的磁性卡片式公用电话机（简称磁卡电话机）应运而生。

磁卡电话机已在我国的一些城市的宾馆、机场以及街头广泛使用。今后，它还有可能与信用卡等合为一体，成为一种既能打电话，又能支付现款，甚至开房门的万能卡片。

无绳电话机

现在我们常用的电话机，在送受话器（俗称话筒）与底座之间都有一根线连着，接电话和往外打电话时都要到放置电话机的地方去。这不能不说是一种束缚。

无绳电话机能使你摆脱这种束缚。它的最大特点是，电话机底座和带拨号盘或键盘的送受话器是彼此分离的。它们之间没有电线连着，因此，我们可以带着送受话器在室内，甚至在院子里随意走动，就地接电话、打电话。没有送受话器和电话机底座之间的连线，信号是怎样传递的呢？

原来，有形的连线取消了，代之以一条无形的"连线"，那就是无线电波。在无绳电话机的底座和送受话器中，除了有与普通电话机相同的一些部件外，各增加了一个小型的收发信机和"信号转换装置"。你在室内的任何位置都可以就地拨号，送受话器中的"信号转换器"会把这个拨号信号转变为适合于无线电传输的超短波发送出去，然后被固定安装在桌子上或墙上的话机底座（又称"接续装置"）所接收。在那里，它被"信号转换装置"还原成原来的信号，经电话线传送给电话局。声音的传送也需经过上述变换过程。之所以要来回"变"，是因为普通电话线里传送的信号不能直接用来进行无线电发送。

除了无线电波可以为能任意移动的送受话器和电话底座搭"桥"外，光波也能承担此项任务。所不同的是，这时原"信号变换装置"要换成"电—光变换器"，"无线电收发信机"要换成"光信号收发信机"。常用的光波是红外线。这种靠红外线接续的无绳电话机称为红外无绳电话机。

可视电话机

电话能把人的声音传送到千里之外，但美中不足的是，双方缺少表情上的交流。而电视电话的出现，使人们在彼此通话之际，还能从小的屏幕上看到对方头部的影像，闻声见影，如同面对面交谈一样。如果说，电话是现代的"顺风耳"，那么，电视电话既是"顺风耳"，又是"千里眼"了。电视电话在"说"和"听"的功能上与普通电话没有什么两样，它的独到之处是有"看"的功能（或称"可视功能"）。那么，我们是怎样通过电视电话看见对方的呢？

原来，组成电视电话机的，除了一部普通电话机之外，还有一个图像的发送和接收部分。图像发送部分是通过一个暗藏的摄像机，把己方的影像摄取下来，并发送到线路上去；图像接收部分基本上就是一个小型的电视接收机，它能把对方传送过来的影像显示出来。除此之外，还有控制部分、电源等。电视电话不仅可以传送人的影像，还可以把一些用语言难以表达的图纸或实物的形象传送给对方。例如，当对方向你打听某人住处的地理位置时，你便可以画个简图传给他，使对方一目了然。

可视电话机

电视电话既要传声音，又要传影像，一对电话线路就难以胜任了。一般需要3对线，1对传声音，2对传图像（1发1收）。

电视电话虽然好，但目前还很难普及，这主要是由于经济上的原因。因为，电视电话机价格要比普通电话机昂贵得多，而且由于它要传送活动的影像，需要占用很宽的频带（相当于1000条电话电路），因而线路投资也很高。近年来，由于拥有丰富频率资源的光通信技术发展很快，而且光纤的价格又大幅度下降，这使电视电话的普及出现了柳暗花明的前景。

程控电话

程控电话交换机是1965年首先由美国贝尔实验室研究开发成功的，它是电子式电话交换机的一种，也是目前技术上最先进的交换机。它是把电子计算机技术应用于通信的产物。在上面讲到的人工电话交换方式中，电话的接通是靠话务员的观察、思维、判断和操作来完成的，而在程控交换机中，却用微电脑来模拟话务员的大脑进行思维和判断，用电子电路模拟话务员的眼和手进行观察和操作。交换机的接续动作，都是由预先编好的程序来控制的。只要改变一下程序，就能方便地改变交换机的性能和增加新的功能。这是其它交换机所无法做到的。

程控电话不仅接续速度快，声音清晰，而且还能为用户提供很多新的服务。例如，当你需要起早乘飞机时，只要预先把起床时间告诉程控电话交换机，到时候它就会响铃把你叫醒（这叫"叫醒"服务）；当你外出时，它会将打给你的电话直接转换到你新的去处（这叫"呼叫转移"服务）；当你在与乙通话的过程中，需要丙参加进来一起交谈时，它能为你提供"三方通话"服务，等等。

手机的问世

近20年来，对中国大众影响最大的发明是什么呢？毫无疑问，它是手机。那么，手机是谁发明的呢？关于世界上第一部手机到底是谁发明的，科学界有一个小小的争议。第一种说法是内森·斯塔布菲尔德发明了手机。

世界上的第一部手机像垃圾箱盖一般大，而且信号只能覆盖半英里。与现代手机当然有太大差别。现在的手机体积非常小，可以放进衣兜内，通过它几乎能与世界上的任何一个地方取得联系。但是，手机发明者内森·斯塔布菲尔德在申请无线电话专利100年后，才被承认是手机之父。

这位瓜农将他所有闲暇时间和每一分钱都投入到这项发明中。他在美国肯塔基州默里的乡下住宅内制成了第一个电话装置，于1902年推出了他的发明。他在自己的果园里树起一根高120英尺的天线，利用磁场将语音从一部手机传输到另一部手机里。然而，这部电话内的线圈所需的电线总量比连接它们的线还长，不过这项发明的确具有可以移动的优点。

1902年元旦，这位自学成才的电学家在该镇的公共广场上示范了他的装置。给5个接收器播送了

内森·斯塔布菲尔德

音乐和语音。后来他为马车和船只等移动交通工具设计了电话新版本，并与1908年申请了专利。不幸的是，在他的一生中，这项无线电话发明并没有实现商业化，因此1928年在他去世时，仍然一贫如洗。

不过现在的一本书已经将他尊称为现代手机之父，在他的发明周年纪念日，维京移动网站用一个属于他的网页纪念他。维珍移动网的创始人理查德·布兰森爵士说："内森是手机之父，他的发明是改变世界通信方式的方法之一，能为他的发明举行100周年庆典，让我感到万分激动。"

新闻学教授鲍勃·劳克是2001年出版的《肯塔基州农民发明无线电话》一书的作者，他表示，斯塔布菲尔德是一位移动业界的先驱，但是他的发明并没给他带来足够的荣誉。他说："完全确定是他发明世界上第一部移动电话非常困难，但是他确实第一个申请了专利。因此他很有可能发明了第一部移动手机，只是他的发明从没投入到商业应用。那时来看，这项发明非常不切实际，当时的人根本不知道以后手机的命运将会怎样。"

斯塔布菲尔德是个好人，他只想利用移动电话帮助当地的社团与各家取得联系，因为这些住户间都隔着一段距离。可叹的是，斯塔布菲尔德一部电话也没有卖出去。因为他太保密，他不在的情况下，他的家人不能离开农场，他也不愿意让访客踏入他的农场，因为他害怕他们可能会偷走他的发明。

他有6个孩子，他们一家一直一贫如洗，因为他将所有闲钱都花在这项电话试验上了。后来他妻子离开了他，在生命的最后10年，斯塔布菲尔德过着像流动隐士一样的生活。1928年他离开人世，埋葬在一个没有墓碑的墓穴里。

这个说法至今没有被社会认可。大家更为熟知的手机发明者是马丁·库帕。

1973年4月的一天，一名男子站在纽约街头，掏出一个约有两块砖头大的无线电话，并打了一通，引得过路人纷纷驻足侧目。这个人就是手机的发明者马丁·库帕。当时，库帕是美国著名的摩托罗拉公司的工程技术人员。

这世界上第一通移动电话是打给他在贝尔实验室工作的一位对手，对方当时也在研制移动电话，但尚未成功。库帕后来回忆道："我打电话给他说：'乔，我现在正在用一部便携式蜂窝电话跟你通话。'我听到听筒那头的'咬牙切齿'——虽然他已经保持了相当的礼貌。"

到今年 4 月，手机已经诞生整整 36 周年了。这个当年科技人员之间的竞争产物现在已经遍地开花，给我们的现代生活带来了极大的便利。

马丁·库帕

马丁·库帕今年已经 80 岁了，他在摩托罗拉工作了 29 年后，在硅谷创办了自己的通讯技术研究公司。目前，他是这个公司的董事长兼首席执行官。马丁·库帕当时的想法，就是想让媒体知道无线通讯——特别是小小的移动通讯手机——是非常有价值的。另外，他还希望能激起美国联邦通讯委员会的兴趣，在摩托罗拉同 AT&T（AT&T 也是美国的一家通信大公司）的竞争中，能支持前者。

其实，再往前追溯，我们会发现，手机这个概念，早在 20 世纪 40 年代就出现了。当时，是美国最大的通讯公司贝尔实验室开始试制的。1946 年，贝尔实验室造出了第一部所谓的移动通讯电话。但是，由于体积太大，研究人员只能把它放在实验室的架子上，慢慢人们就淡忘了。

一直到了 60 年代末期，AT&T 和摩托罗拉这两个公司才开始对这种技术感兴趣起来。当时，AT&T 出租一种体积很大的移动无线电话，客户可以把这种电话安在大卡车上。AT&T 的设想是，将来能研制一种移动电话，功率是 10 瓦，就利用卡车上的无线电设备来加以沟通。库帕认为，这种电话太大太重，根本无法移动，让人带着走。于是，摩托罗拉就向美国联邦通讯委员会提出申请，要求规定移动通讯设备的功率，只应该是 1 瓦，最大也不能超过 3 瓦。

事实上，今天大多数手机的无线电功率，最大只有 500 毫瓦。

从 1973 年手机注册专利，一直到 1985 年，才诞生出第一台现代意义上的、真正可以移动的电话。它是将电源和天线放置在一个盒子中，重量达 3 千克，非常重而且不方便，使用者要像背包那样背着它行走，所以就被叫做"肩背电话"。

与现在形状接近的手机，诞生于 1987 年。与"肩背电话"相比，它显得轻巧得多，而且容易携带。尽管如此，其重量仍有大约 750 克，与今天仅重 60 克的手机相比，像一块大砖头。

从那以后，手机的发展越来越迅速。1991 年时，手机的重量为 250 克左右；1996 年秋，出现了体积为 100 立方厘米、重量 100 克的手机。此后又进一步小型化、轻型化，到 1999 年就轻到了 60 克以下。也就是说，一部手机比一枚鸡蛋重不了多少了。

除了质量和体积越来越小外，现代的手机已经越来越像一把多功能的瑞士军刀了。除了最基本的通话功能，新型的手机还可以用来收发邮件和短消息，可以上网、玩游戏、拍照，甚至可以看电影！这是最初的手机发明者所始料不及的。

在通讯技术方面，现代手机也有着明显的进步。当库帕打世界第一通移动电话时，他可以使用任意的电磁频段。事实上，第一代模拟手机就是靠频率的不同来区别不同用户的不同手机。第二代手机——GSM 系统则是靠极其微小的时差来区分用户。到了今天，频率资源已明显不足，手机用户也呈几何级数迅速增长。于是，更新的、靠编码的不同来

多功能手机

区别不同的机的 CDMA 技术应运而生。应用这种技术的手机不但通话质量和保密性更好，还能减少辐射，可称得上是"绿色手机"。

WWW 的诞生

互联网诞生 30 多年来，不少先驱人物都为其革命性发展立下过汗马功劳，其中尤其值得一提的便是英国科学家蒂姆·伯纳斯·李爵士。

1955 年，伯纳斯·李出生于伦敦一个计算机世家。其父母均曾参加过世界上第一台商业化计算机"费伦蒂·马克一号"的研发工作，并且从小就注重培养其想像思维，教育他凡事都可打破条条框框，不必拘泥于固有模式。

1973 年，伯纳斯·李考入世界著名学府牛津大学的

"WWW 之父"蒂姆·伯纳斯·李

女王学院，攻读物理专业。他之所以选择这一学科，是因为自己认为物理学很有意思，是数学和电子学之间的一种"恰如其分的折中"。另外，这一专业"事实上也为我后来全球体系的创造打下了良好的基础。"

有媒体报道说：他在大学期间曾因"黑客行为"而被校方禁止使用计算机。伯纳斯·李对此报道表现得十分不以为然。

他说："当时计算机主要是放在核物理实验室里。学校规定，本科生只能在学习时使用计算机。我和几位同学一起将其用于了其他用途，确实违反了规定，但这是为了一项慈善活动。不过，这样也不错，这激发了我制造自己的计算机的欲望。"确实，此事过后不久，他就用一台老电视、一个旧的摩托罗拉微处理器和一根焊接棒，自己动手组装了一台计算机。20 多年后，伯纳斯·李与母校似乎也化干戈为玉帛，牛津大学为表彰其杰出的科技成就而授予他荣誉博士学位。

人类发明史上伟大的贡献

RENLEIFAMINGSHISHANGWEIDADEGONGXIAN

1980 年，伯纳斯·李临时受聘于日内瓦的欧洲粒子物理研究所，从事为期半年的软件工程师工作。当时，尽管互联网已经问世 11 年，但却毫不普及，仍为美国联邦政府机构以及少数计算机专家所独有。整个互联网也与其今天的面目迥然不同，既没有浏览器和统一资源定位器，也没有互联网网址。互不兼容的网络、磁盘格式和字符编码方案等，使在系统之间传送信息的任何努力都付之东流。

与此同时，欧洲粒子物理研究所内部随着业务的扩展，文件也在不断更新，再加上人员流动很大，很难找到相关的最新资料。在此环境下，伯纳斯·李编写了供他个人使用的第一套信息存储程序，并根据自己孩提时代在伦敦郊外父母家中发现的一本维多利亚时代百科全书的名字将其命名为"探询一切事物"。这构成了日后万维网的雏形。

1984 年伯纳斯－李又回到欧洲粒子物理研究所担任研究员，并于 1989 年提出要建立一个全球超文本项目——万维网，以此作为一种浏览和编辑系统，使科研人员乃至没有专业技术知识的人都能顺利地从网上获取并共享信息。

对于自己如何会萌发这一影响到未来人类文明发展的构想，他回答说："网络梦的背后，是为了创造一个共同的信息空间，我们由此可以共享信息、相互沟通。其通用性至关重要，超文本链接可以通向任何事物，无论是个人的、本地的还是全球的，无论是粗略的初稿还是经过精心编辑的。"

1991 年夏天，万维网正式登陆互联网。它的诞生给全球信息的交流和传播带来了革命性的变化，为人们轻松共享浩瀚的网络资源打开了方便之门。从这一刻起，互联网与万维网才开始以前所未有的飞快速度同步发展。此后 5 年中，全球互联网用户从 60 万人猛增至 4000 万人，其中一个时期的增长速度甚至达到了每 53 天翻一番的最高水平。

正如芬兰技术奖基金会评委会主席、国际电信联盟前秘书长佩卡·塔里扬在颁奖仪式上所说，"伯纳斯－李的发明完美体现了本奖项的精神。万维网鼓励人们建立新型的社会关系，促进透明度和民主，并为信息管理和企业发展开辟了新途径。"

几乎与万维网的发明同样意义深远的是，伯纳斯·李决定向全球任何一个角落完全无偿地提供自己的创新设计。他说："如果我当时要求收费，就不会有今天的万维网，而是会冒出大大小小无数的网络。"至今，他依然坚持着自己当年的理念，坚决反对全球专利权和版权保护的泛化趋势。

他认为，对软件的专利保护已经危及到推动互联网技术发展的核心要素。"目前问题的关键在于，软件开发的精神是什么。只要你能想到，你就可以编写出计算机软件将其付诸实践，这才是无数杰出的技术进步的灵魂所在。对软件专利加以严格限制或者完全取消，确实至关重要。"

2004年6月，伯纳斯·李以其"改变人类文明进步"的创新，无可争议地被授予第一届"千年技术奖"，同时获得高达100万欧元的奖金。"千年技术奖"由芬兰技术奖基金会颁发，虽刚刚创立但已被誉为芬兰的诺贝尔奖。

备受青睐的电子信息

电子信函

1993年6月1日，美国总统克林顿和副总统戈尔宣布，今后美国公民可以直接给白宫寄发一种特殊的函件，它的名称便叫做"电子信函"。

简单地说，电子信函是"以键代笔，以屏代纸，以电代邮"。它是计算机与通信相结合的产物。电子信函系统的核心是一台称为主机的大容量电子计算机，它经通信网络安装在每个家庭的个人计算机相连。"写信"的工作是通过操作个人计算机的键盘完成的；"发信"时，发信人要用键盘输入对方的信箱号和自己的信箱号；对方从个人计算机上可以得知自己信箱里有没有信，如有信，便可输入密码将信取走，显示在个人计算机的屏幕上。在这里，"送信"的任务是靠1秒钟能行30万千米的"电"来完成的，因而远非车、船以至飞机所能及。

今天，电子信函已成为商家、政府机关等提高工作效率的重要手段。

语音信箱

"语音信箱"是1985年由美国首先推出的一项电信新业务。有人认为，它是继无线寻呼之后，电信服务领域的一个新热点。

与邮政信箱不同的是，语音信箱是无形的。它是电信与计算机相结合的产物，通常与电话交换机相连接。一般用户只需利用身边的电话机便可以实现语音信箱的管理和使用。

语音信箱的语音是通过"语音压缩"和数字化处理后存入磁盘的，整个系统是一个智能化的信息服务系统。

语音信箱是一个好"秘书"，它能帮助你收集来自方方面面的汇报；语音信箱是一个好的"推销员"，它能不知疲倦地为工商企业推销产品……语音信箱对于从事不同工作的人，都能提供全天侯、多方位的服务。

数据通信

数据通信是人与计算机之间，或计算机与计算机之间的通信。它是继电报、电话之后出现的第三种通信方式。

有了数据通信后，一些远离计算机的人也能使用计算机了。由于计算机特别是大型计算机处理数据的能力很强，可以同时为很多用户服务，所以利用数据通信可以使多个用户共同利用计算机和它的软件、数据库，实现所谓的"资源共享"。

世界上第一个数据通信系统是美国 1958 年建立的军用系统。近 40 年来，数据通信不仅从军用走向民用，而且由于用简单的计算机语言可以实现人机对话，因此数据通信逐渐为一般人所利用，成为实现办公自动化的一种重要手段。

目前，除了在通信领域的应用之外，它还在银行窗口服务、民航座席预订服务、销售管理服务、资料检索服务等方面获得广泛应用。可以预见，在未来的世纪里，它将成为通信的主流而瞩目于世。

GPS

现在，GPS 这个名词已经为越来越多的人所熟悉。它是"全球定位系统"的英文缩写。

GPS 到底是什么呢？

GPS 由空间段、地面段和用户段三部分组成。空间段共有 24 颗卫星（其中 21 颗为工作卫星，3 颗为备用卫星），分布在离地面高度为 2 万千米以上的 6 个圆形轨道上。在每颗卫星上，都装有精度极高（每 30 万年误差 1 秒）的原子钟。地面段由一个主控站、5 个地面监控站和 3 个上行数据发送站组成。它所起的作用是保证卫星时钟计时准确，并完成导航数据的计算。用户段由天线、GPS 接收机、数据处理器，以及控制、显示部分组成。不管 GPS 接收机在地球上任何位置，也不管在任何时刻，它都能同时接收到 4～6 颗卫星发来的导航信号；经过数据处理后，系统便能确定用户所在的三维位置（经度、纬度和海拔高度），并显示在接收器的液晶显示屏上。用户据此便能自我定位导航。

现在，GPS 系统已经逐步从军用转向民用。据报道，美国将 GPS 用于指挥越洋油轮，一次航行便能节省数百万美元；GPS 用于商船导航，每年一艘船便可节省数千万美元；GPS 用于铁路系统，可使相邻两列车的间隔时间从以前的 8～9 分钟缩短到 3 分钟，使铁路运输能力提高 1 倍。GPS 用于公安部门，可以让追踪逃犯的警方人员的所在位置清晰地在一张"电子地图"上显示出来；将 GPS 信号接收机和发射机装入汽车，就可防止汽车被盗。启动遥控引擎，还可以使被盗汽车立即停止行驶……除此，GPS 还有很多我们今天还未曾想到的用途。

信息高速公路

信息高速公路的正式名称是"国家信息基础设施"。实际上，它是由通信网、计算机、数据库和形形色色的多媒体终端组成的，能向人们普遍提供声音、数据、图片、视像等的快速传输服务，并实现信息资源共享的完善的网络。

信息高速公路之"路"，是 20 世纪在信息技术领域出现的一颗新星——光纤。一根细如发丝的单股光纤，它所能传送的信息要比普通铜线高出 25 万倍；一根由 32 条光纤组成的、直径不到 1.3 厘米的光缆，可以同时传送 50 万路电话和 5000 个频道的电视节目。这还只是目前的水平，其实，它还有比这大若干倍的潜力。

光纤是"信息高速公路"的主干道，除此，还有许多"配角"。如卫星

人类发明史上伟大的贡献

RENLEIFAMINGSHISHANGWEIDADEGONGXIAN

通信、微波通信、同轴电缆通信等等，它们也将各施所长。

在未来信息高速公路上"行驶"的，是数量大得惊人的形形色色的"信息。"其中，有大家所熟悉的话音信息（电话通信），有计算机和计算机之间彼此"交谈"的信息（数据通信），以及信息含量十分丰富的高清晰度电视、电影等作用于人的视觉的图像信息。这样大的信息量只有"信息高速公路"才能承载得了。如果利用今天的网络，不仅会出现拥塞现象，而且质量也是难以保证的。

"信息高速公路"之所以如此引人注目，是由于它有与亿万普通人都息息相关的，十分诱人的前景。"信息高速公路"工程实现之后，人们可以在自己家里上班、购物和接受教育，可以在家里点播电影、电视，接受远程诊疗。还有一些今天我们还想像不到的新景观，都将在"信息高速公路"上出现。

电池的诞生

1780 年 11 月的一天，意大利波洛尼亚大学解剖学教授伽伐尼，正在和两名助手做青蛙切片。青蛙放在桌上，离青蛙不远处有一台起电机。伽伐尼全神贯注地手拿灵巧的解剖刀，准确地切开青蛙的腹部肌肉，找出青蛙的下肢神经。这时，一名助手不小心把解剖刀轻轻地碰到青蛙腿上的神经，蛙腿痉挛地抖了一下，同时另一名助手看到起电机上刚好产生了一个火花。伽伐尼和助手们对这个现象惊奇极了。于是，他们又重复做了几次实验，都得到同样的结果。

伽伐尼

做了多年解剖的伽伐尼，解剖过的青蛙、兔子、猪、羊等何止几百几千，可从来也没有见过已经死了的动物还会像活的一样伸动。然而，摆在桌子上的明明是一只没头的死青蛙，可为什么一碰手术刀就会伸动起来呢？

最初伽伐尼设想蛙腿痉挛可能是大气电的变化所引起的。于是，为了验证这个设想，他在一个雷雨交加的早晨，把早已准备好的青蛙用铜钩钩着蛙腿悬挂在铁栏杆上，另用一根铁丝把蛙腿和地面连接起来。突然，一个闪电划破天空，在青白色的亮光中，他可以清楚地看到蛙腿在伸动。后来，他又选择了一个晴朗的中午，照例把几只用铜钩钩着的蛙腿悬挂在铁栏杆上，结果蛙腿也能伸动。这说明蛙腿痉挛和大气电的变化无关。

实验继续进行下去。这一次，伽伐尼用两种不同的金属分别触及死蛙的肌肉和神经，并把两种金属联结起来，青蛙的肌肉也会抽搐颤动起来。

本来，这些现象应该使伽伐尼认识到，青蛙的抽搐来自外界的电流。然而，一

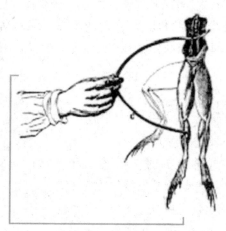

青蛙实验

向酷爱研究生物电现象的伽伐尼却认为，这是青蛙的生物电与外界构成了回路，动物神经中有电源，金属只不过起导电作用而已。就如同莱顿瓶放电时，电液从莱顿瓶放出来一样，电液从动物神经内的电源中流出来，刺激神经使蛙腿痉挛。伽伐尼把这种电称为动物电。

1791 年，伽伐尼发表了论文《论肌肉运动中的电力》，将自己的发现，按照自己的分析向科学界作了公开说明。因为当时人们已发现有些鱼类（如电鳗和电鲼是带电的，当用一根导线把这些鱼的背部和下部连接起来时，会观察到放电现象，所以伽伐尼的动物电想法也被许多人所接受。伽伐尼的发现和理论在整个欧洲科学界引起极大的震动和兴趣，也吸引了许

多人在这方面做深入的研究。

1793 年的一天，助手给伽伐尼带来了意大利另一位青年科学家伏打实验的消息，并把实验结果交给了他。伏打大胆地采用了伽伐尼没有用过的方法进行新的实验：他把青蛙实验中使用的性质不同的两块金属板，改成性质相同的金属板，结果青蛙腿立即停止了抽搐。他又重复多次这样的实验，结果都一样。伏打由此得出结论：使青蛙抽搐的能量，的确来自一种新的电能，但这种电能不是动物电，而是由两块不同性质的金属板的接触产生的。若用同种性质的金属做实验，青蛙就不会产生抽搐现象。

伽伐尼对这样的实验结果感到十分震惊。他马上跑到实验室重复伏打的实验，果真如此。但伽伐尼仍不肯放弃他的

伏打电堆

理论，此后，他和伏打为了证明各自观点的正确性开始了长期的论战。这场科学论争最终使伏打发明了世界上最早的电池——伏打"电堆"，使人类第一次获得了可以连续恒定的电流。

1799 年，即 18 世纪的最后一年，伏打为了给新世纪献上一份厚礼，他抓紧了实验。他制成了一种不同金属片浸入盐水中的装置。不久，他又对这种装置进行改进，把铜片、纸片、锌片等有次序地叠起来，他发现，叠在一起的金属片越多，电流就越大。因此，他把此装置称为"电堆"。

1800 年，他把自己的发明用长信寄给了英国皇家学会主席班克斯，班克斯读后大加赞赏，并正式把长信发表在皇家学会学报上。从此，电池的前身开始问世，"伏打电堆"享誉欧洲。

1802 年，俄国物理学家彼得洛夫根据伏打的发明，制成了一个由 4200 个锌圈和铜圈组成的大电堆。同时，美国的黑尔博士制成了另一个大电堆，其电能足以熔化金属。

航空航天篇

莱特兄弟发明飞机

　　1903 年 12 月 17 日，在美国北卡罗莱纳州基蒂霍克的一片海边空地上，寒气袭人。莱特兄弟设计制造的"飞行者号"飞机，就要当众试飞了。兄弟俩天不亮就来到试验场，对飞机进行了最后的调试安装。

　　就在试飞的前一天，在试验场附近的村子里出现了一张通告：明晨 10 时，将在海边进行世界上第一次载人的飞机试飞，敬请前来参观。

　　17 日，10 时到了，但参观的人除了必要的 3 名急救人员外，只有两名观众，其中一个还是小男孩，莱特兄弟决定不再等了。10 时 35 分，试飞开始了。弟弟奥维

莱特兄弟

尔坐在飞机上的座椅，哥哥维尔伯启动了汽油机，随着一阵震耳欲聋的轰鸣声，飞机离开铁轨在空中飞行起来。在场的人都把心吊到了嗓子眼，12

秒钟过去了，"飞行者号"在 35 米外的地方摇摇晃晃地着陆了，飞机轮子在飞行中距离地面 1 米。

"成功了!"在场的人高兴地大喊，莱特兄弟紧紧地拥抱在一起，眼里噙着激动和喜悦的泪花。虽然这次试飞的滞空时间很短，飞行高度很低，飞行距离很近，但它确是人类第一次实现了机器动力飞行，打破了比空气

莱特兄弟发明的"飞行者号"飞机

重的机器不能飞行的断言，从而开辟了人类航空科学技术的新纪元。而这五名观众成了目睹世界上第一架飞机飞行成功的见证人。

追溯人类向往自由飞翔的历史，从古埃及、古希腊时期的古迹中，都可以找到记录。1483 年意大利画家达·芬奇也做过飞行研究，并设计过扑翼式飞机，但从未制造。几个世纪过去了，虽然做过这种研究的人为数不少，但却没有一个实现者。

时间到了 19 世纪最后 10 年，由于科学技术的进一步发展，人们对于飞行研究的热情更高了。德国的滑翔机实验大师李连达尔，通过多年的细致观察，总结了人类模仿鸟类飞行的各种方法，发表了一部轰动欧美的著作《鸟类飞行与人类飞上天空》。他在书中详细构想出人类翅膀的理想形态和构造。李连达尔立志要实现自己的夙愿，一次次地进行试验，但在 1896 年 8 月 9 日的试验中，因遇狂风而机毁人亡。

当这一消息传到莱特兄弟的地区时，兄弟俩感叹不已，并决定继承李连达尔的事业，这时，哥哥维尔伯·莱特已经 29 岁，弟弟奥维尔 25 岁。兄弟俩省吃俭用，用修理自行车挣来的钱，从事航空飞行研究。

他们阅读了大量有关飞行的资料，讨论有关飞行的报道和文献，关注着飞机研究的每一项进展，虽然莱特兄弟文化水平不高，但由于他们刻苦自学，善于钻研，逐步掌握了飞行的基本理论。

莱特兄弟在试验中，发现李连达尔提出的模仿鸟类翅膀的滑翔机并不

管用，所以他们根据自己的推算，设计了一个有上下两层，看起来是一个长方形的翅膀，这种机翼不仅可以增加浮力，而且可以大大减少空气阻力。他们又在机翼的最后面加了一个起调节滑翔作用的辅助翼，接下来，莱特兄弟选择了基蒂霍克的一片海边荒地作为试验场。

来到试验场，他们用手拉着系在滑翔机上的绳子，一阵疾跑，无人乘坐的滑翔机真的飞上了天空。于是兄弟俩进行了载人试飞，情况仍然良好。试飞的成功，大大鼓舞了莱特兄弟的决心。他们继续做试飞实验，到1902年夏，他们已经有了上千次的滑翔经验，掌握了高难度的飞行驾驶技术。此后，他们又提出在飞机上安装引擎，依靠机械动力带动飞机的飞行。

为了弄清滑翔机的乘载量，他们特意在滑翔机上装砂袋，一次次地试验，最后确定滑翔机最大动载能力只有90千克。

在使用什么引擎的问题上，他们把目光放到了刚刚兴起的内燃机上，因为这时世界上已经有了汽油引擎，汽车工业正在迅速发展，但最轻的汽车引擎也还有140千克。在无法在工厂订制的情况下，他们决定自己动手制作引擎。在一位名叫狄拉尔的机械师的帮助下，经过许多曲折和艰辛，终于制造出一部4个汽缸，12马力，重70千克的汽油引擎，接着，他们又试制了螺旋桨，一切安装就绪，就等机会试飞了。

一个秋高气爽、万里无云的10月的一天，莱特兄弟进行了新的试飞。但飞机没有飞起来，而是撞到了一个土堆上，试飞失败了。莱特兄弟反复研究失败原因，终于明白飞机要想在瞬间离开地面飞行，不仅要减轻发动机的重量，而且必须减轻飞机的自重。

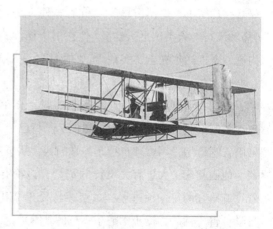

试飞成功

1903年11月末，一架用轻质木料为骨架，帆布为基本材料的双翼飞机竣工了。莱特兄弟把它命名为"飞行者号"。1903 年 12 月 17 日，终于试飞成功了。

莱特兄弟的飞行成功，引起了世界科学家们的重视，从此，飞机的研制进入了一个新时期。1910 年，德国人制造了金属飞机。1926 年，人类驾驶飞机飞越了北极上空。

第一颗人造卫星的诞生

在前苏联，由于一批科学家和火箭专家包括科罗廖夫和吉洪拉沃夫在内的热情鼓动，人造卫星计划也得到赫鲁晓夫的支持。1956 年 1 月 30 日前苏联政府正式做出在 1957～1958 年内研制人造地球卫星的决定，2 月开始制定卫星的技术要求。苏联政府的这一行动和来自美国的发展计划，极大地加快了苏联人造地球卫星的研制速度。前苏联的第一颗人造卫星计划包括 4 个组成部分：研制运载火箭；建设发射场；研制卫星本体和星上科学仪器；建立地面测控网。为了发射人造卫星和达到第一宇宙速度的要求，对 P－7 洲际导弹进行了改进，主要的是取消了武装部有效载荷。这枚运载火箭是以科罗廖夫主持设计和研制的，定名"卫星"号运载火箭。它的总起飞推力为 498 吨，为当时世界上最大的航天运载火箭。前苏联首座航天发射场定在哈萨克斯坦共和国境内的丘拉塔姆地区，离拜科努尔不远的沙漠地，东经 63 度 20 秒，北纬 46 度，1955 年 1 月开始建设，定名为拜科努尔航天发射场。发射场东西长 80 千米，南北宽 30 千米。发射场由发射区、保障区和监控站等组成。

人造卫星本体和星上设备是以吉洪拉沃夫为主设计的。科罗廖夫建议把原订在 1957～1958 年国际地球物理年期间发射第一颗卫星的计

第一颗人造卫星

划提前，改为先发射两颗简易卫星，只携带最简单的仪器。这颗卫星代号 CП-1，它是的外形是一个铝合金的密封球体，直径0.58米，重83.62千克。卫星周围对称安装四根弹簧鞭状天线，倾斜伸向后方，其中一对长2.4米，另一对长2.9米，卫星内部充以0.12兆帕（1.3大气压）的干燥氮气。下半球壳表面是热控制系统的辐射表面；上半球壳外部装有隔热层。主要科学探测项目有：测量200~500千米高度的大气速度、压力、磁场、紫外线和X射线等数据，卫星上还携带试验动物，用以考察动物对空间环境的适应能力。为此卫星本体内安装了电池组、无线电发射机、热控制系统组件、转接元件、温度和压力传感器和其它探测仪器。电池组由3个银锌电池构成，电池组中央矩形槽内安装两台交替工作的无线电发射机，工作频率分别为20.005和40.002兆赫。

苏美两国在发展人造卫星上展开了一场争夺战。1957年8月，P-7洲际导弹首次试验成功。于此同时，改装运载火箭的工作也在加紧进行。1957年10月4日晚，卫星号运载火箭携带世界上第一颗人造地球卫星CП-1号在拜科努尔发射场发射成功。它先进入近地点215千米，远地点947千米，轨道倾角65度，周期96.2分的椭圆形轨道。它共在轨道上运行了92天，绕地球飞行约1400圈，并于1958年1月4日再入大气层时烧毁。这颗人造卫星在技术上进行了星内温度压力试验，地上大气密度测量和电离层研究，并用卫星探测出几百千米高空的空气阻力。但同它的科学研究结果相比，它的政治影响和对科学技术发展的影响更加深远。

1957年10月4日午夜，莫斯科电台向全世界公布了苏联首颗人造地球卫星已成功发射进入轨道的消息。塔斯社宣称："人造地球卫星开辟了星际航行的道路。"不久，世界各地都能通过无线电接受到这颗卫星从天空发射出来的声响，这对全人类来说，它标志着航天时代的真正到来。

航天设计师科罗廖夫

科罗廖夫1907年生于前苏联乌克兰共和国瑞特米尔城一个教师的家庭。

当年，在科罗廖夫家不远的地方驻扎着一支飞行中队，小时候的科罗廖夫经常跑到那里去玩，于是，他幼小的心灵里萌发了飞向蓝天的理想。

小学毕业后，由于继父的原因，科罗廖夫难以进入正规的中学念书，只好到工厂以半工半读的方式继续学习。幸运的是，领导这个工厂的不是别人，而是大名鼎鼎的飞机设计师图波列夫。图波列夫经常讲述飞机的有趣知识，使科罗廖夫产生了动手制造滑翔机的兴趣，以致在校期间，他把所有的课余时间都用在了这上面。

几年后，科罗廖夫读完了中学和高等专科学校，正式到图波列夫设计局工作，并且很快就成了图波列夫最得意的学生和助手。图波列夫相信，这个才华出众的年轻人一定能成为一个出类拔萃的飞机设计师。可是，这时的科罗廖夫已经不满足于设计只能在大气层内翱翔的飞机了。他展开理想的翅膀，渴望到宇宙空间去大显身手。30 年代初，科罗廖夫结识了齐奥尔科夫斯基。这位宇航先驱关于人类飞向宇宙的学说激励着科罗廖夫参加了火箭推进研究小组。1932 年，这个民间的火箭组织与气动力实验室合并

科罗廖夫

成立了喷气科学研究所，科罗廖夫担任了这个研究所的副所长。这一年，科罗廖夫还发表了题为《火箭发动机》的著作，当时他只有 25 岁。1936年，科罗廖夫和同事们一起成功地制造了前苏联的第一代火箭飞机。

然而，科罗廖夫的前进道路并不总是一帆风顺的。1937 年，在肃反扩大化期间，由于受他人的牵连，30 岁的科罗廖夫被押解到西伯利亚去做苦役。直到第二次世界大战中，前苏联当局得知德国正在研究 V－2 导弹时，才把科罗廖夫转到一座特种监狱开始导弹研制工作。在监狱里，科罗廖夫

没有任何人身自由，但因为重新干起了喜欢的工作，他的心情才逐渐好转起来。为这，科罗廖夫甚至"感谢"德国人制造导弹的消息。

第二次世界大战结束后，苏军不仅俘虏了一批德国的导弹专家，而且缴获了大批 V－2 导弹的资料和部件。在此基础上，科罗廖夫和他的同事们在 40 年代末期先后设计成功了 P－1、P－2、P－3 等近程、中近程和中程导弹。随后，科罗廖夫从 1954 年起又开始设计射程更远的 P－7 洲际弹道导弹。但是当时用于这种洲际导弹的大推力火箭发动机还没有研制出来，怎么办呢？经过反复研究，科罗廖夫终于找到了一个好办法。他打破了火箭的设计传统，独辟蹊径地把 5 台发动机沿横向联接起来，这样虽然火箭的起飞重量达到 267 吨，但同时起飞

洲际导弹

推力却增加到 398 吨。这种火箭也就是现在我们常说的"捆绑"式运载火箭。这种火箭的特点是长度小、推力大，易采用成熟技术，还能节省研制经费、缩短研制周期，所以 40 年来，前苏联、美国、日本、印度等国家已经发展了多种型号的"捆绑"式火箭。1990 年 7 月 16 日，我国首次发射成功了"长征二号 E"大推力捆绑式运载火箭，以后又用这种火箭多次为国外客户发射了通信卫星。

科罗廖夫天才的设计思想拓宽了火箭技术发展的途径。不过，科罗廖夫也许并不知道，其实捆绑火箭的"专利"应该属于中国，中国古代的"神火飞鸦"就是最早的捆绑火箭。这种人造"飞鸦"飞翔于 900 多年以前。

1957 年 8 月 21 日，前苏联发射的世界上飞行了 8000 千米，取得了巨大成功。可是 P－7 的个头实在太大了，它长 20 米，算上尾翼直径达 10 多米。

人类发明史上伟大的贡献

RENLEIFAMINGSHISHANGWEIDADEGONGXIAN

作为一种战略导弹，它只装备了十几枚就被淘汰了。然而，科罗廖夫却从 P－7 导弹的身上看到了人类奔向航天时代的希望。

早在 P－7 导弹研制初期，科罗廖夫就致信部长会议，正式提出了发射第一颗人造地球卫星的建议。当政府批准了他的宏伟设想后，科罗廖夫着手对 P－7 导弹进行了改进。1957 年 10 月 4 日，前苏联用以 P－7 为基础制造的"卫星"号运载火箭成功地发射了"斯普特尼克 1"号人造地球卫星。此后，科罗廖夫又为"卫星"号火箭赋予了新的使命。"卫星"号分别被加上一或两级火箭后就组成了"东方"、"联盟"、"闪电"号等系列火箭，它们发射了大量的卫星、载人飞船和各种宇宙探测器。这些成就无不凝结着科罗廖夫的智慧和心血。

随着前苏联在航天技术领域取得的一个又一个"第一"，科罗廖夫早已不再是当年那个在荒无人烟的小岛上开掘金矿的苦役了，他在航天部门担任了总设计师等重要职务。但是尽管如此，外界对他的存在却一无所知。为了保密，政府禁止他在公开场合露面，也不准报刊上登载有关他的报道，所以直到去世前，科罗廖夫一直是一个名副其实的"无名英雄"。

1966 年 1 月，科罗廖夫在做痔疮切割手术时，因心脏病发作抢救无效不幸逝世，终年 58 岁。为了纪念这位对人类航天事业做出卓越贡献的科学家，前苏联政府出版了他的传记和回忆录，拍摄了他的传记影片，一艘航天跟踪测量船被命名为"科罗廖夫"号，月球上面大的一座环形山也以他的名字命名。

火箭的历史

火箭起源于中国，是中国古代重大发明之一。火箭的发展有着漫长的历史，古今火箭有一定差别，但原理基本相同。火箭点火后，内部燃料迅速燃烧，从尾部向后喷出，在反作用力的推动下火箭向前飞行。

古代火箭是一种以火药为动力的远射兵器，是现代火箭的起源。世界公认火箭中国首先发明。公元 969 年，北宋军官岳义方、冯继升造出了世界上第一种以火药为动力的飞行兵器——火箭。

"火箭"一词根据古书记载，最早出现在公元3世纪的三国时代，距今已有1700多年的历史了。当时在敌我双方的交战中，人们把一种头部带有易燃物、点燃后射向敌方、飞行时带火的箭叫做火箭。这是一种用来火攻的武器，实质上只不过是一种带"火"的箭，在含义上与我们现在所称的火箭相差甚

中国古代火箭

远。唐代发明火药之后，到了宋代，人们把装有火药的筒绑在箭杆上，或在箭杆内装上火药，点燃引火线后射出去，箭在飞行中借助火药燃烧向后喷火所产生的反作用力使箭飞得更远，人们又把这种喷火的箭叫做火箭。这种向后喷火、利用反作用力助推的箭，已具有现代火箭的雏形，可以称之为原始的固体火箭。

"土星"5号火箭启程登月时，5台发动机每秒钟消耗近3吨煤油，它们产生的推力相当于32架波音747的起飞推力。无法确定火箭发明的确切时间。大部分专家认为中国人早在13世纪就研制出了实用的军用火箭。19世纪出现了几项重大技术进步：燃料容器的纸壳改为金属壳，延长了燃烧的持续时间；火药推进剂的配方标准化；制造出发射台；发现了自旋导向原理等等。

19世纪末，火箭开始用于非军事目的。19世纪末20世纪初美国科学家戈达德和其他几位专家奠定了现代火箭技术的基础，并发射了第一枚液体燃料火箭。

20世纪70年代，美国研制出全新的火箭动力航天运载工具即航天飞机。它主要分3个部分：机身后部装有3台主发动机的轨道飞行器；装有液氢和液氧推进剂的外挂燃料箱（5分钟后脱落），保证主发动机工作；装有2台可分离的固体燃料火箭发动机（2分钟后脱落），它们与轨道飞行器主发动机同时启动，提供初始升空阶段的推力。1981年4月12日，人类第一

架航天飞机"哥伦比亚"号发射升空。

中国古代火箭技术传到欧洲之后，经改进，火箭曾被列为军队的装备。早期的火箭射程近、落点散布大，以后被火炮代替。第一次世界大战后，随着科学技术的不断进步，火箭武器得到迅速发展，并在第二次世界大战中发挥了威力。

19 世纪 80 年代，瑞典工程师拉瓦尔发明了拉瓦尔喷管，使火箭发动机的设计

"哥伦比亚号"航天飞机

日臻完善。19 世纪末 20 世纪初，液体火箭技术开始兴起。1903 年，俄国的 K. E. 齐奥尔科夫斯基提出了制造大型液体火箭的设想和设计原理。1926 年，3 月 16 日美国的火箭专家、物理学家 R. H. 戈达德试飞了第一枚无控液体火箭。1944 年，德国首次将有控的、用液体火箭发动机推进的 V－2 导弹用于战争。1931 年 5 月，德国科学家赫尔曼·奥伯特领导的宇宙航行协会试验成功了欧洲的第一枚液体火箭。到了 1932 年，德国军方在参观该协会研制的液体火箭发射试验之后，意识到火箭武器在未来战争中具有的巨大潜力，便开始组织一批科学家和工程技术人员，集中力量秘密研制火箭武器。到 40 年代初，德国在第二次世界大战中期，先后研制成功了能用于实战的 V－1、V－2 两种导弹。其中 V－1 是一种飞航式有翼导弹，采用空气喷气发动机作动力装置；V－2 是一种弹道式导弹，采用火箭发动机作动力装置第二次世界大战以后，苏联和美国等相继研制出包括洲际弹道导弹在内的各种火箭武器。

中国于 20 世纪 50 年代开始研制新型火箭。1970 年 4 月 24 日，用"长征"1 号三级运载火箭成功地发射了第一颗人造地球卫星。1975 年 11 月 26 日，用更大推力的"长征"2 号运载火箭发射了可回收的重型卫星。1980

年 5 月 18 日，向南太平洋海域成功地发射了新型火箭。1982 年 10 月，潜艇水下发射火箭又获成功。1984 年 4 月 8 日，用第三级装液氢液氧火箭发动机的"长征"3 号运载火箭成功地发射了地球同步试验通信卫星。1988年 9 月 7 日，用"长征"4 号运载火箭将气象卫星成功地送入太阳同步轨道。1992 年 8 月 14 日，新研制的"长征"2 号 E 捆绑式大推力运载火箭又将澳大利亚的奥赛特B1 卫星送入预定轨道。这些都表明火箭发源地的中国，在现代火箭技术领域已跨入世界先进行列，并已稳步地进入国际发射服务市场。

"长征"4 号

在发展现代火箭技术方面，中国的钱学森、德国的冯·布劳恩和苏联的 S. P. 科罗廖夫齐奥尔科夫斯基等都做出了杰出的贡献。

火箭专家布劳恩博士

冯·布劳恩 1912 年生于德国。从少年时代起，布劳恩就善于思考，勤奋好学，13 岁时就阅读了奥伯特的名著《飞往星际空间的火箭》。奥伯特有关火箭环绕地球飞行的新奇论段，唤起了布劳恩对宇宙探索的浓厚兴趣。

1930 年，布劳恩进入柏林工学院学习。这一年，布劳恩结识了一直崇拜的火箭先驱奥伯特，并加入了有奥伯特参加的宇宙航行协会。从那时起，布劳恩就开始参与火箭的研制工作。1932 年，从柏林工学院毕业的布劳恩受聘于德国陆军军械部，负责研究液体导弹。在他的领导下，德国先后研制成功了 A–4、A–5 两种导弹，其中的 A–4 就是举世闻名的 V–2 导弹。作为世界上第一种用于实战的导弹，V–2 成为战后美苏两国发展导弹的

"样品"。

二次大战结束后，布劳恩在美国继续他的火箭研究。在他的领导下，美国先后研制成功了"红石"、"丘辟特"和"潘兴"等近程和中程导弹。1958年2月1日，美国用布劳恩设计的"丘辟特C"火箭发射了自己的第一颗人造地球卫星"探险者1"号。1960年到1970年，布劳恩担任了美国宇航局马歇尔航天中心的主任。在这10年中，布劳恩为研制用于载人登月的运载火箭花费了大量心血。

60年代初，当刚刚就任美国总统的肯尼迪问宇航局的科学家，美国能不能在60年代把人送上月球时，布劳恩语气坚定地回答："行!"在以后的几年里，布劳恩为著名的"阿波罗"计划设计了超凡的"土星5"号运载火箭。这是他毕生为之奋斗的事业的辉煌顶峰。

探险者1号

"土星5"号火箭空重188吨，起飞重量2900多吨，起飞推力3500多吨，它能把127吨的载荷送入近地空间，或者把47吨的载荷送上月球轨道。

"土星5"号不仅是个大力士，而且还是火箭家庭中无与伦比的"巨人"。火箭本身就高达86米，如果在其顶端装上阿波罗飞船的话，全高可达110.6米，相当于36层楼房。对这种独一无二的巨型火箭，如果不是亲眼所见，你很难想象出它的庞大。在人类登月10年以后，我国的一个代表团参观了美国的休斯敦宇航中心。当时人们很想拍一些照片留作纪念，可是横卧的火箭仅底部直径就有几层楼房高，不论你怎样变换角度，也拍不出一张火箭完整的照片。万不得已，代表团的成员只得拍了几个局部镜头留作纪念。

发射前，当一切准备工作完成后，"土星5"号火箭便坐在四方形的发射台上，然后由自重 3000 吨，堪称世界上最大的牵引车牵往发射场。通往发射场的专用道路有 20 厘米厚，是用特殊的鹅卵石铺成的，因为一般的路面很难承受运输时高达 7000 吨的重压。

1967 年 11 月 9 日，"土星 5"号进行了首次发射试验。当喷吐着熊熊烈焰的火箭飞离发射台时，布劳恩激动得高喊："走啊，宝贝，走啊!""土星5"号发射的轰鸣如同山崩地裂一样，使附近的建筑物像遭受地震一般发出嘎嘎的怪叫声。在这罕见的巨响中，哥伦比亚广播公司设在 3 英里以外的电视摄影棚哗啦一声被震塌了。

"土星 5"号火箭前后共制造了 15 枚。曾两次发射无人飞船，7次发射载人登月飞船，一次运送天空实验室。在总共进行的 13 次发射中，它先后把 33 名宇航员送入太空，将 12 名宇航员送上月球，没有一次发射失败，成功率高达100%，这对于零部件多达 560 万个的超大型火箭来说，简直是一种奇迹。而这种奇迹则来源于布劳恩一丝不苟的科学态度。布劳恩从不放过火箭上的任何一个疑点和差错，直到发射前的最后一刻，他还在对火箭进行认真的检查。正如西

土星 5 号火箭

方一位记者指出的那样，绝对严格的质量控制是布劳恩取得成功的奥秘和关键。

在美国宇航局工作期间，因为学术上的成就和为人方面的诚恳，布劳恩深受同行们的尊敬和信任，人们称赞这个长得像电影明星一样漂亮，而且具有特殊魅力的德国人是"一个具有高尚品格的人"。

1977 年 6 月 16 日，布劳恩因患癌症不幸在美国逝世，终年 65 岁。他的逝世对美国宇航局以至对全世界来说都是一个巨大的损失。一次，

宇航局的一位高级官员在思考航天飞机的一个技术问题时，情不自禁地说："真希望布劳恩还在，跟他商量商量就好了。"听了这话，另一位官员感慨地说："你得知道，这句话也许是冯·布劳恩一生中所得到的最高表扬了。"

飞船设计师费格特

马克思·费格特出生在美国路易斯安那州一个有法国血统的家庭。父亲是公共卫生部一位声誉很高的医生，当年他曾在英属洪都拉斯从事热带病研究，于是马克思·费格特便降生在异国的土地上。

1943年，年轻的费格特从路易斯安那州州立大学获得了工程学位，当时正赶上第二次世界大战，于是费格特毅然穿上军装，成为太平洋潜艇部队的一名士兵。费格特没有想到，这段经历会成为他日后寻找工作的一个资本。

从1958年起，37岁的费格特成为空间任务组的重要成员。空间任务组是美国最早开始载人航天研究的机构，也是举世闻名的约翰逊航天中心的前身。同一年，作为飞行系统部主任的费格特开始为美国的"水星"载人航天计划设计宇宙飞船。当时，载人航天活动刚刚起步，至于能够把人送上太空并使他安全返回地面的宇宙飞船究竟是什么样，谁也说不清楚。但是费格特和空间任务组的工程师们凭着年轻人特有的闯劲，开始了艰苦的设计工作。经过反复研究和论证，费格特决定把飞船设计成像弹道导弹那样的钝头体。定型后的"水星"号飞船长2.9米，最大直径1.8米，重约1.8吨，座舱内可乘坐1名宇航员。1961年5月5日，载有美国第一名宇航员谢泼德的"水星"号飞船首次亚轨道（直上直下）飞行取得了圆满成功。在整个"水星"计划期间，"水星"飞船一共把6名宇航员成功地送上了太空。

继"水星"计划之后，费格特又参加了"双子星座"飞船的设计工作。这种可载两名宇航员的飞船先后进行了10次载人飞行，为后来的"阿波罗"载人登月计划积累了宝贵经验。"水星"和"双子星座"宇宙飞船的设计成功为马克思·费格特赢得了巨大的声誉，人们把他称之为"水星"和"双子星座"飞船之父。

水星号飞船

在历时 11 年之久的"阿波罗"计划期间，费格特仅仅看过一次发射过程。截止到 1988 年底，已经是航天飞机总设计师的费格特，竟然从未到卡纳维拉尔角观看过一次航天飞机发射。

继"双子星座"飞船之后，马克思·费格特又设计了著名的"阿波罗"宇宙飞船。到 1972 年底，这种可载 3 名宇航员的飞船先后成功地执行了 6 次登月任务。从那以后，费格特又被称为"阿波罗"飞船之父。

■ 太空"中继站"

阿瑟·克拉克 1917 年生于英国。他从童年时代起就对科学感兴趣，稍大一点后，便用自制的望远镜观察月球，并动手画出了它的表面图。后来，因为家里贫困供不起他上大学，克拉克只好到政府的一个机关当审计员。第二次世界大战爆发后，克拉克成了皇家空军的一名雷达军官。服役期间，他不仅写出了第一批科幻小说，而且开始研究无线电通讯技术的新问题。克拉克认为，20 世纪以来开始广泛应用的无线电通信技术，虽然极大地方便了人类的信息传递，但是却存在着很大的局限性。因为无线电只能直线传播，一旦人们彼此被高山阻隔，或者一方处于地平线以下时，无线电通信就难以实现了。解决这个问题的办法是增加发射塔的高度，可是这个高度是有限的，不可能任意增加。那么用飞机做发射塔行不行呢？行，不过飞机不能长时间呆在天上，到一定时间就得返回地面。当然，人们还可以采用中继站，像接力赛跑那样，把无线电波一站接一站地传递下去，但是这样做代价太大，如果遇到海洋时困难之大更是无法想象。那么怎么办呢？经过反复思考，克拉克终于想出了一个好办法。这个好办法就是我们前面说的卫星通信。

阿瑟·克拉克

可是，当 1945 年克拉克的《地球外的转播》一文发表后，人们并没有立即理解它的重要意义。也难怪，因为当时人类还无法把一颗哪怕是重量最小的卫星送入近地轨道，更不用说 36000 千米那样的高轨道了。直到 1957 年人类进入航天时代以后，克拉克的设想才有可能变成现实。

1958 年 12 月 18 日，美国率先发射了名为"斯科尔"的通信技术实验卫星。这颗卫星把当时的美国总统艾森豪威尔圣诞节献词的录音发送回地球，第一次实现了空间通信。紧接着，美国又于 1960 年 8 月发射成功了第一颗无源通信卫星"回声 1"号。这颗卫星实际上是一只用镀铝聚脂薄膜制成的直径 30 米的大气球，没有装无线电收发装置，只能反射无线电波。"回声 1"号成功地把地面发射台的电波传送到数千千米以外的接收台站。1962 年到 1963 年中，美国又发射了"电星"1 号和 2 号有源通信卫星。借助卫星的魔力，数百万欧洲人和美国人兴致勃勃地观看了大西洋两岸人们的一次具有历史意义的对话。为此，许多历史学家把那天称作"环球村"的诞生日。然而，"电星"还仅仅是近地轨道的通信卫星，人类的目标是奔向 36000 千米的地球同步轨道。

世界上第一颗同步静止轨道通信卫星是美国 1964 年 8 月 19 日发射的"辛康 3"号。在定点于国际日期变更线附近的赤道上空以后，"辛康 3"号进行了电话、广播、电报、电视和电传打字等传输试验，并转播了在日本东京举行的奥林匹克运动会的实况。

继美国之后，前苏联、日本等国也先后发射了各自的静止轨道通信卫星。1984 年 4 月 8 日，我国用自行研制的"长征 3"号运载火箭，成功地发射了"东方红 2"号试验通信卫星，成为世界上第 5 个自行发射地球静止轨道通信卫星的国家。

通信卫星的诞生，使人类的通信技术发生了一场革命。如今，经过 30 多年的发展，通信卫星已经成为人类社会活动和日常生活中不可缺少的组成部分。很难想象，如果没有通信卫星，我们的生活将会变成什么样子。每天我们能够从电视机里看到发生在世界各地的重大事件，看到精彩激烈的国际体育比赛；或者用电话与远隔重洋的人们互通信息，交流感情，这些都是通信卫星的功劳。可以说，通信卫星在政治、经济、军事、文化、科学等领域都发挥出了巨大的作用。比如，过去英国的《金融时报》都是靠飞机每天把报纸的纸型送往美国纽约的印刷厂，为此每年需要花费 20 多万美元。但是自 1982 年改为用卫星传送版面后，每年只要 7.5 万美元就行了。再比如美国波音公司用卫星线路把位于弗吉尼亚的计算机中心与各地的制造厂联接起来，这样西雅图工厂的工程师们在设计飞机部件时，就可以用卫星通信终端在几秒钟内

通信卫星

从弗吉尼亚的计算机中心获得他所需要的数据和资料，如同到隔壁房间索取一样方便。至于通信卫星在军事领域的作用就更大了。美国国防部70%以上的通信任务都是由通信卫星完成的。在英国与阿根廷的马岛战争期间，英国特遣部队司令官的各种作战命令也是靠卫星下达的。战后，英军在总结马岛之战时说，如果没有卫星通信系统，很难想象登陆部队如何接受国家的指挥和控制。通信卫星不仅能使人类赢得战争的胜利，而且还可以为人类避免战争做出贡献。1986年，菲律宾出现政治危机前，总统马科斯就是通过卫星了解到美国国会、政府和里根总统对菲律宾局势的态度并得知同意他前往美国。得到这些消息，马科斯决定放弃对反对派的武力镇压，然后逃往美国，从而避免了一场大规模的流血事件。

由于通信卫星具有覆盖范围广，通信容量大和通信质量高等特点，所以它一问世就很快受到了世界各国的青睐。截止到80年代末，全世界仅静止轨道通信卫星就已经发射了200多颗，并建成了2000多座大型通信卫星地面站和30多个卫星通信系统，估计已有5000多个大型企业使用卫星通信进行业务活动。

与此同时，通信卫星的技术水平也得到了迅猛发展。1965年发射的第一颗商业通信卫星"晨鸟"仅有39千克，通信容量不过240路电话或一路电视节目。而1989年发射入轨的"国际通信卫星6"号

国际通信卫星6

已重达4.2吨，可以同时传输24000路电话和3路彩色电视节目。

太空"气象台"

气象卫星是一种能够从外层空间对地球和大气层进行气象观测的人造地球卫星，也可以说它是一座高悬在太空的高级气象台。它是航天技术与气象科学的"优生儿"。1961年4月1日，美国成功地发射了世界上第一颗气象卫星"泰罗斯1"号，这颗鼓形的卫星携带了2台电视摄像机。发射后的第10天，人们从它发回的图像上最先发现了远在澳大利亚以东1300千米处形成的旋风迹象。此后的3个月里，"泰罗斯"共发回了24000多张气象照片。

"泰罗斯1"号的成功使人类找到了俯瞰地球风云变幻的最好办法。所以从1960年以来，前苏联、法国、日本等国家相继发射了气象卫星。到1990年底，全世界已经发射了116颗气象卫星。我国也于1988年9月7日发射了第一颗气象卫星"风云1"号。

一般来说，气象卫星按运行轨道不同可分为2类。一类是太阳同步轨道气象卫星，一类是地球同步轨道气象卫星。太阳同步轨道气象

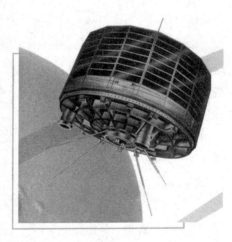

"泰罗斯1"号

卫星的轨道倾角通常为90~100度，高度一般为100~500千米，它每隔12小时就能对全球的天气情况进行一次全面的观测。如果发射两颗同样的卫星，那么每天就能获得4次有关任何一个地方的气象资料。地球同步轨道气象卫星像静止通信卫星那样，定点在36000千米的赤道上空，它每隔20~30分钟就能获得大气层近1亿平方千米面积的云图资料。如果均匀分布5颗这样的卫星，人类就可以每天24小时不间断地监视全球的气象变化。

气象卫星的出现，不仅从根本上改变了人类传统的观天方式，而且消灭了全球 4/5 的观测空白区。同时，气象卫星还帮助气象工作者提高了气象预报的准确性，为人类的抗灾减灾活动发挥了突出的作用。据资料记载，自从有了气象卫星以后，发生在全世界热带洋面上的台风没有一次被漏报过。拿我国来说，由于使用了气象卫星资料进行天气预报，1982～1983 年登陆的 33 次台风无一漏测。因为预报准确，光是 1986 年在广东汕头登陆的 8607 号台风中减少的损失就达 10 多亿元。1981 年 7 月中旬，长江上游地区连降特大暴雨，水位超过警戒线，荆江是否需要分洪成为至关重要的问题。紧要关头，气象部门根据卫星云图作出了没有 25 毫米以上降水的预报。为此，防讯部门决定不在荆江分洪。后来，长江洪峰果然安全通过了江汉平原，避免了因分洪造成的 40 万人搬迁和 60 万亩良田被水淹没的损失。

气象卫星在军事上的用途更是不言而喻。1982 年英阿马岛战争中，美国用第 3 代太阳同步轨道气象卫星"泰罗斯 N/诺阿"为英国部队提供了大量急需的气象资料。1990 年的海湾战争中，为了便于进驻海湾地区的美军能及时了解当地的气象情况，美国首先为部队增加了卫星云图接收机的数量。

人类发明史上伟大的贡献

RENLEIFAMINGSHISHANGWEIDADEGONGXIAN

自动武器之父马克沁

尽管自动武器是 19 世纪末研制成功的，但它对战场战术的影响却始于 20 世纪初，尤其是第一次世界大战，因为有了重机枪这类自动武器，第一次世界大战主要以阵地战和沟堑战为主；其次是首挺马克沁机枪问世后，轻机枪、冲锋枪与自动步枪相继诞生，20 世纪前二三十年作战仍以单发步枪为主，但枪械已逐步进入自动化程度。

海勒姆·史蒂文斯·马克沁，1840 年 2 月 5 日出生在美国缅因州。由于家境清贫，他小时候没有念多少书，经常与兄弟到野外打猎，以弥补家庭微薄的收入，这使马克沁从小就有机会摆弄枪支，熟悉一些机械原理。

1882 年，马克沁来到了欧洲，他是在一位好友的建议下来到维也

马克沁

纳考察枪械工业,当时欧洲各国热衷于发展武器,马克沁发觉欧洲人对速射武器很感兴趣,尤其是加特林机枪。可是加特林机枪是一种手摇的多管机枪,这是一种利用手摇带动机械,是几个枪管绕一公共轴依次发射的武器,有的也可用马达带动,在当时这种武器已很先进。马克沁见到这种武器后,想到自己曾使用 11.43 毫米口径的 1870 年春田式步枪时的情景,步枪射击时,一是噪声很大,二是后坐力把他的肩撞得青一块紫一块。对于这两种现象,别的射手习以为常,也未见有人往深处想,可是马克沁尽管在这之前未造过枪,但他善于思索、勇于创新的作风立刻在他脑海里产生涟漪,噪声和后坐力这两个妖怪难道不能征服吗?尤其是后坐力能否把它制服并进而使它为人效劳吗?

1883 年,马克沁把由杠杆作用的温彻斯特步枪改为后坐能量驱动的步枪,其抽壳、抛壳、推送次发弹进膛、闭锁等动作都是自动完成的,这是世界上第一支真正的自动武器。在此基础上,马克沁开始设计利用火药气体剩余能量完成自动发射的武器,他亲自在伦敦哈顿花园路 57 号一个小作坊日以继夜地干,当时他只有一台新铣床,其余的刀具、工具、夹具和量具都是他亲手设计和加工制造的。

为了利用火药气体剩余能量来开锁,他首次在靠近弹膛的枪管开了一个小孔,联接带活塞的圆管,发射时弹头经过小孔后,部分气体由小孔逸出推动活塞,带动枪机机构开锁。为了后坐后枪机复进,他在枪托底板中装了一个弹簧,利用压缩弹簧的伸张力将枪机机构向前推。后来他又设想出枪管短后坐自动原理,发射瞬间,枪管和枪机扣合,共同后坐 19 毫米,枪管停止后坐后,通过肘节机构进行开锁,这套肘节机构是从温彻斯特步枪上移植过来的,就像人的肘关节和膝关节那么灵活自如。此外,马克沁还首次在枪上采用长达可装 333 发弹的帆布弹链,可以调整发射速度快慢的射速调节器等等。

1888 年晚秋,他到了德国。德皇亲临斯潘多兵工厂观看表演。射击完毕后,德皇惊呼:"我需要的正是这种武器!"他对马克沁机枪印象最深的是,该枪只要 1~2 名射手便可以操作,而加特林机枪要 4 个兵侍候。德皇命令立刻装备部队。1889 年,德国在购买马克沁机枪后对它进行改进,

1908 年的改进生产型称 MG08 机枪，枪重只有 66 千克，是原枪的 1/4。到第一次世界大战时，德国已有 1 万多挺马克沁机枪，并在 1916 年索姆河畔用它重创了英、法联军。

尽管马克沁入了英国籍，并在英国造出马克沁机枪，但英国人直到 1891 年才正式采用它。

马克沁机枪首次在战场上露面是 1888 年 11 月 21 日。英军在进攻冈比亚的一个部落村时第一次使用了它。

手枪的诞生

勃朗宁 1855 年诞生于犹他州奥格登，他的父亲是当地一个颇有名气的枪匠。还在少年时候，他就在父亲开设的作坊内帮忙。空闲时，他经常去打猎，为饭桌增添一些美味佳肴，更多的时候，他跟随父亲走村串巷，为乡亲们修理枪械。

20 岁那年，他设计了一支顶呱呱的步枪，连他父亲也说自己活了这么大年纪，也没有见过这么好的步枪。

勃朗宁真正设计的第一支枪是枪机起落式单发步枪，这支枪是依靠用手拉动扳机护圈打开枪机，完成开锁、抽壳与抛壳等动作，合上扳机护圈，便推弹入膛。这支枪获得了专利，并被著名的温彻斯特武器公司买走了制造权。

19 世纪 80 年代，欧洲盛行

勃朗宁手枪

94

研制自动武器，1884年英藉美国人马克沁首创重机枪，那时有关利用火药能量来完成武器自动循环的也不乏报道。勃朗宁曾查阅各种文献报道，并也孜孜不倦地从事这方面的试验工作，例如他将一个中间有孔的钢制凹面帽套在枪口上，再用一个铰链连接装置连在一弹簧杆上，发射时弹头飞出膛口，火药燃气将凹面帽吹落，由此拉装填扳机向前，弹簧使杠杆回到闭锁位置，只要一扣扳机，就可以进行次发发射了。以后他将火药燃气从弹仓下面的一个孔导出，作用于一个活塞，使武器能自动循环，最后在枪管上开导气孔，引出气体来供武器实现自动化。按照这种方式，勃朗宁造出了一支导气式武器，1890年11月22日，勃朗宁把它交给了柯尔特专利武器公司。对于勃朗宁发明自动武器有人说是他打猎时看到好多野草被从枪口逸出的火药燃气吹倒，于是灵机一动，想起利用火药燃气能量。这种传说真假不得而知，但发明家善于对一些在别人看来似乎是司空见惯和不以为然的现象，深入问一个为什么，继而搞出点发明创造却是真的。

自动武器利用火药燃气剩余能量的方式，通常有管退式、自由枪机式和导气式。勃朗宁首创了后面两种自动方式，有人称他为"导气式元勋"。

勃朗宁一生硕果累累，他所设计的枪炮多达35种，其中不乏经典佳作，为世界名枪，如勃朗宁M1911A1式11.43毫米自动手枪、勃朗宁M1918A2式7.62毫米自动步枪（实际上是轻机枪）、勃朗宁M1919A6式7.62毫米轻机枪、勃朗宁M1917A1式7.62毫米重机枪以及勃朗宁M2HB式127毫米大口径机枪等。其中要特别提到的是M1911A1式手枪和M2HB大口径机枪，前者是军用手枪中口径最大的一种，原枪为M1911式，由勃朗宁设计，1911年由美国国防部长狄克逊宣布武装部队。1926年，柯尔特公司对M1911手枪进行改进，被命名为M1911A1。在美国它一直服役到1985年，为了与北约其他国家统一手枪口径美军才把它撤装。

勃朗宁卒于1926年11月26日。正是由于勃朗宁在枪械事业上所作出的杰出贡献，他死后，当时美国国防部长在祭文中对他作了高度的评价："事实将要记载的是，勃朗宁先生设计的武器没有一件证明是不行的……他的逝世，无疑对美军今后自动武器的发展将产生严重的影响。在自动武器史上，对国家的贡献无人可以与他相比。"

什帕金与冲锋枪

  格·谢·什帕金1897年出生于沙俄科弗罗夫一个贫农家庭。由于家境贫困，他只有3年制初小文化程度。1916年，他19岁当了兵。十月革命后，在一机修厂当钳工。当时已有名气的轻武器设计师杰格佳廖夫正在设计12.7毫米大口径机枪，他认为什帕金很能吃苦并且能干，于是看上了他，让什帕金参加了设计工作。

  杰格佳廖夫在二三十年代曾设计过德卡12.7毫米机枪，1933年开始小批量生产，1935年停产。后来杰格佳廖夫又想对德卡机枪进行改进，什帕金参加杰格佳廖夫的设计与改进工作后，提出了许多好主意。1938年机枪改进成功，定为1938年式12.7毫米机枪。又因为这挺机枪是由杰格佳廖夫和什帕金共同完成的，所以又称德什卡机枪，1939年正式装备前苏联红军。

  什帕金在参加德卡机枪的改进工作中获得了很多经验，不久他开始单独从事冲锋枪的设计工作。

  1940年，什帕金开始新型冲锋枪的设计，尽管他文化程度不高，但他勇于实践，多年在机枪厂工作，加上曾参加过德卡机枪的改造工作，所以已经具有独立设

什帕金研制的机枪

计枪械的能力和水平，尤其是认识到了杰格佳廖夫冲锋枪存在的缺点。当时什帕金奋斗的目标是：在保持杰格佳廖夫冲锋枪高标准的作战使用性能前提下，力求最大限度地简化机构和使生产加工更容易。

  1940年12月21日，前苏联人民委员会的国防委员会决定装备什帕金

设计的冲锋枪，并将它命名为 1941 年式什帕金 7.62 毫米冲锋枪，用以取代波波德冲锋枪。有意义的是国防委员会决定列装什帕金冲锋枪的日期恰好是 1941 年 6 月 22 日苏德战争爆发的前半年。

要说明一点的是什帕金 7.62 毫米冲锋枪又称波波沙 41 式冲锋枪，它由俄语什帕金冲锋枪音译而成，41 即为 1941 年。

波波沙 41 式冲锋枪采用自由枪机式自动方式，开膛待击，枪管外部有一个有 15 个散热孔的枪管套筒，套筒伸出枪口，并且向下倾斜一个角度，起到防跳器、制退器的作用。该枪配有快慢机，可以进行短点射、长点射和单发射击，短点射时射速为 70 发/分，长点射时射速为 100 发/分，单发射击时射速为 30 发/分。供弹具有两种，一种是 35 发的弧形弹匣，另一种是 71 发弹鼓，由于供弹具容弹量大，所以可以提供较强的火力。枪的瞄准具为准星缺口式，缺口（即照门）采用翻转式，准星两旁有护翼。

波波沙 41 式发射 7.62×25 毫米托卡列夫手枪弹，弹头初速为 500 米/秒，枪长 840 毫米，枪管长 270 毫米，枪重（不带弹匣或弹鼓）3.65 千克，有效射程 200 米。

波波沙 41 装备部队后取代了杰格佳廖夫设计的冲锋枪。什帕金全面实现了他开始设计冲锋枪时立下的奋斗目标。

1941 年德军入侵前苏联后，波波沙冲锋枪发挥了巨大的作用。前苏联炮兵主帅沃罗诺夫在他的回忆录中谈到："1942 年除夕之夜，大本营来电话说有两个滑雪营必须立即开赴前线，但他们没有一支冲锋枪，我命令查询仓库库存，只有 250 支。大本营命令先给滑雪营 160 支，留下 90 支备用。当时很缺冲锋枪，从 1942 年元旦起，工厂开足马力生产冲锋枪，到 1944 年元旦，冲锋枪的产量增加了 26 倍。"正是由于波波沙 41 式冲锋枪结构简化，加工容易和成本低廉，才保证了战时的充分供应。

由于什帕金在设计枪械方面的成就，他曾获社会主义劳动英雄称号，并获多枚列宁勋章。他卒于 1952 年，终年 55 岁，算是英年早逝。

前苏联在卫国战争中使用的另一支冲锋枪是德军兵临列宁格勒城下极端困难的情况下，由阿列克赛·苏达列夫设计的叫波波斯 42/43 式 7.62 毫米冲锋枪。

五六半的由来

谢·加·西蒙诺夫 1894 年生于弗拉基米尔郊区菲多特斯一个贫农家庭，读了 3 年书，然后打零工到 16 岁。1915 年，他参加了一个技术训练班，后来在一家小机器厂当钳工，并在科洛夫工厂当费德洛夫自动枪的装配工。十月革命前夕，他进入了莫斯科科学技术学校学习，1924 年他来到图拉兵工厂，两年后当上了工厂的质量检验员。1927 年，西蒙诺夫到费德洛夫领导的设计与研究部门工作，师承设计大师费德洛夫。从此，西蒙诺夫如鱼得水，在设计步枪上取得了较大的成就，尤其是他发明了 ABC36 半自动步枪、CKC 半自动步枪和 PTRS 反坦克步枪。

还在 1926 年，西蒙诺夫设计出一支半自动步枪，前苏军总军械部门虽然赞赏他的积极性，可是也指出他的枪有严重的问题，对此，西蒙诺夫没有灰心丧气，他知道这是他设计的第一支枪械，在事业上哪有一蹴而就的事。

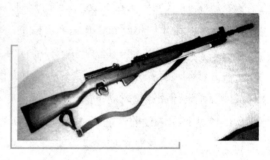

7.62 毫米半自动步枪

当他了解到军方在 1930 年提出进行新枪选型时，他积极作了准备，并很快交出了一支新枪。1934 年 3 月，前苏联红军决定采用西蒙诺夫设计的步枪，并命名为 1936 年式 7.62 毫米半自动步枪，简称 ABC36 步枪。该枪是前苏军大量使用的第一支半自动步枪，它采用导气式自动方式，采用枪机偏移式闭锁方式，实施单发射击，发射 7.62 毫米莫辛—纳甘枪弹，加装了双孔制退器后，后坐力减小，枪长 1234 毫米，枪重 4 千克，用 15 发弹匣供弹，理论射速 40 发/分，有效射程 600 米。但是因为这支枪故障率较高，活动部件维修较困难，仅在部队使用了两年就被撤换下来。

不久，军方又提出要进行新一轮新枪的选型与试验，这一回，设计大师托卡列夫、西蒙诺夫和鲁卡维斯尼科夫把各自研制的半自动步枪送来参加试验。试验结果，托卡列夫的 C8 步枪入选，可西蒙诺夫不服气，他于 1939 年 1 月 19 日上书，报告他的步枪在试验时出现的问题已经解决，要求复查。复查结果未对外公布。可以肯定地说，西蒙诺夫设计的步枪在很多方面优于托卡列夫，如重量轻，加工省工省料省场面，但是它也存在一些缺点，如对污垢、火药残渣很敏感，容易停射。

在第二次世界大战期间，随着苏德战场上德军大量使用装甲车辆，苏军急需一种供步兵使用的反坦克步枪，于是西蒙诺夫设计出 PTRS 式 14.5 毫米反坦克步枪。后来他把 PTRS 式缩小比例，口径由 14.5 毫米减至 7.62 毫米，发射 M1908 式 7.62 毫米凸缘枪弹，枪的结构简单，拆装都比较方便，这支枪命名为 CKC41，它就是 56 式半自动步枪的母亲——西蒙诺夫 CKC 半自动步枪的前身。CKC41 样枪造出来了，但是由于德军大举入侵前苏联，大批工厂搬迁，以致新枪未能大量生产。

1943 年前苏联定型了 M43 式 7.62 毫米中等威力枪弹，于是西蒙诺夫又将枪改为发射 M43 弹。1946 年前苏联定型了 CKC 步枪。可是有人认为西蒙诺夫 CKC 步枪是马后炮，一是这支枪未能在第二次世界大战期间定型，二是二战后步枪已从半自动转入全自动。尽管西蒙诺夫步枪发到部队时，得到了不少赞扬，但很快又被 AK47 式 7.62 毫米突击步枪取代。不过令西蒙诺夫欣慰的是，中国和东欧一些国家大量采用该枪。

西蒙诺夫也获得不少荣誉，包括社会主义劳动英雄、国家奖金、列宁勋章等。

▌ 原子弹诞生

1939 年 88 月的一天，一封由著名科学家爱因斯坦签名的信，放在了美国白宫椭圆形办公室罗斯福总统的办公桌上："总统阁下：

……元素铀在最近的将来，将成为一种新的、重要的能源。……在不远的将来，有可能制造出一种威力极大的新型炸弹。……目前德国已停止出售它侵占的捷克铀矿的矿石。如果注意到德国外交部次长的儿子在柏林威廉皇帝研究所工作，该所目前正在进行和美国相同的对铀的研究，就不难理解德国何以会有此举了。"

罗斯福总统默默地读完了爱因斯坦的信，他有些犹疑不定；这件事非同小可，这种谁也没见过的原子弹能否制造出来？人员、经费、保密问题如何解决？假如制造中不慎爆炸怎么办？

他召来了科学顾问萨克斯，萨克斯提醒他说，当年拿破仑就是因为没有采用富尔顿创造蒸汽船的建议，最终没能渡过英吉利海峡征服英国。如今，德国正在疯狂扩军备战，一旦他们得逞，美国就会处于危险被动的境地。

经过一周的思考和研究，10月19日，罗斯福决定对爱因斯坦的信作肯定的回答。他按了一下手边的电铃按钮，指着一大堆各种说明资料，对应声而入的军事助手平静地说道："这件事必须很好地处理"。

按照罗斯福的指令，一个代号为"S-11"的特别委员会很快成立起来，开始了核试验研究。

1942年8月，美国陆军工程兵团建筑部副主任格罗夫斯将军主持"S-11"特别委员会的科学家和高级管理人员召开会议，制定了一个名叫"曼哈顿"的新计划。计划规定，研究工作所有指挥权都集中在"曼哈顿"工程管理处。格罗夫斯将军坐镇华盛顿"曼哈顿"总部，而新墨西哥州荒原上的原子实验室由著名科学家罗伯特、奥本海姆主持。他们俩每天通过电话联系，及时解决工作中出现的问题。

整个工作受到严格保密，连副总统杜鲁门也是在1945年罗斯福死后接任总统时才得知这一计划。

与此同时，纳粹德国也在加紧研究制造原子弹。1942年6月，罗斯福与丘吉尔会晤，全面衡量了双方研制原子弹工作进展情况。他们从情报中获悉，德国占领挪威后，便命令挪威一家生产重水的工厂每年向德国提供5吨重水。重水是使原子反应堆中的中子得以减速的缓冲材料。有了重水就能控制反应堆，制造原子弹就有了可能。为了阻止德国制造成原子弹，必须炸毁挪威的重水工厂，切断德国的重水来源。

1943年2月17日，盟国派出的突击队经过一次失败后，终于潜入了挪威重水工厂。他们把炸药贴在重水罐的桶板上，点燃了导火索，随着"轰"的一声爆炸，所有罐中的重水流入了下水道。

这次爆破的胜利，使这个重水工厂至少一年之内无法再生产出一滴重水。纳粹德国制造原子弹的工作受到了阻碍。为了抢在德国人之前造出原子弹，美国向欧洲战场派出了"阿尔索斯"行动小组，专门在欧洲各地搜捕德国科学家和收集德国制造原子弹的情报。美国认为，得到一个第一流的德国科学家，比俘获10个师的德军还要重要。

1944年春季，"阿尔索斯"行动小组忽然发现，在德国占领区的小镇黑兴根，有一个德国"U"计划"基地，这一情况传到了美国陆军总部。陆军参谋长马歇尔和几个高级将领趴在地板上的大地图上找了半天，才找到了这个不知名的小镇。他们当即决定，派出一个突击兵团袭击黑兴根。行动获得了成功，黑兴根的这个"U计划"基地被彻底破坏。

1945年7月16日5时30分，美国制造的第一颗试验性原子弹在新墨西哥州爆炸成功。一道闪电划破了黎明的长空，一团巨大的火球升上8千米高空，大地也在微微颤抖。美国整个西部都

世界第一颗原子弹爆炸

听到了爆炸巨大的声响，很多人惊奇地以为太阳提前升起了。

中国"红箭"

"红箭"导弹，是我国科技人员经过长期艰苦努力获得的丰硕成果。早在60年代初期，我国处于3年自然灾害的极端困难条件下，就已开始反坦克导弹的研究。70年代初，制成了中国最早一批反坦克导弹，通过国家靶场试验、热区试验和寒区试验后，正式定型为"红箭-73"式反坦克导弹

并大量装备部队。这种导弹具有重量轻、体积小、射程远、威力大等许多优点，在多次试验中飞行可靠性达到95%，命中率达到80%左右。这在当时已是相当先进的水平。导弹直径120毫米，长0.86米，重11.3千克。弹体前部是战斗部和引信，后部有起飞和续航发动机。弹体后部有4片折叠式弹翼。导弹采用目视瞄准、手柄操纵、有线传输指令的制导方式。战场使用时由4名士兵携带一套地面控制设备和4具发射装置。进入发射阵地后，射手用瞄准镜一面跟踪目标的运动，一面跟踪导弹的飞行。与此同时，射手凭经验判断导弹偏离瞄准线的偏差量，通过控制手柄的转动给出制导指令。这些指令经过导线传送给导弹，不断修正导弹的飞行方向和俯仰角度，直到最后命中目标，引爆战斗部将它摧毁。完成第一次攻击后，射手将控制盒上的开关转到另一具发射装置，发射另一发弹攻击新的目标。待4发弹全部发射完毕后，立即撤收发射装置转移到新的阵地，补充弹药后继续战斗。

"红箭-73"导弹的研制成功，填补了我国反坦克武器系列中的空白，使部队的反坦克能力得到显著提高，它标志着我国反坦克武器的研究工作从此进入了一个崭新的阶段。不过它只是属于"第一代"产品，它的制导方式有着某些先天性不足。射手既要眼观导弹、坦

国产红箭-73导弹

克，又要手工操作手柄控制导弹飞行，操作时十分困难，往往影响命中目标的精度，而且导弹的飞行速度比较慢，容易遭到敌人的火力杀伤。而这一时期国外已研制成功较先进的第二代导弹，法国制成"米兰"、"霍特"导弹，美国制成"龙"式近程弹和"陶"式远程弹。于是我国科研人员再接再励，不失时机地开展了第二代反坦克导弹的研究试验。

当时部队提出，新式反坦克导弹的最大射程为3000米，最小射程100

米。希望导弹的飞行速度提高到 200 米/秒以上，飞完最远距离的时间不超过 15 秒。导弹设计专家在接受了这项任务后，查阅了国内外大量文献资料，对西方国家的各种方案进行了研究，最后提出了我国第二代反坦克导弹的总体设计方案。所谓"第二代"导弹，它的主要特点是制导系统有了重大改进，不再像"第一代"产品那样既要目视跟踪导弹、坦克，又要手工控制传送指令，而是在导弹尾部安装了一个红外光源，在瞄准镜旁边增加了一具红外测角仪。导弹发射到空中后不断发出红外信号。射手用瞄准镜内的十字线对准目标，就能通过测角仪测量出导弹偏离瞄准线的偏差量，再经过计算装置快速计算出修正量后，就可发出控制指令引导导弹沿着正确的方向飞向目标。采取这种制导方式明显减轻了射手的负担，可以更有效地控制导弹的飞行，显著提高命中目标的精度。我国专家在设计中一方面借鉴国外的经验，另一方面独立自主地走自己的道路，许多技术难题经过刻苦钻研最终得以顺利解决，而且技术途径颇有独创精神。例如制导系统采用红外测角仪后，要求开始搜索目标时仪器具有较宽阔的视场，以便及早获得目标信号。在导弹即将命中目标的时候要求具有较高测量精度，以便精确地命中目标。为了既能大范围搜索目标，又能小范围精确跟踪目标，要求采用一种双视场光学系统，但在当时技术条件下很难在短时间里试制成功。为了克服这一技术上的困难，专家们经过反复研究提出解决困难的办法，同时采用两个不同视场的光学系统，中间设置一个转换开关。只要及时利用开关转换，就可以顺利地从广角视场转换到窄视场。

　　"红箭-8"导弹像其它第二代导弹一样采用了发射筒发射的方式，但它不是用导弹上的起飞发动机推动起飞，而是在发射筒内装有一具发射器，由发射器先将导弹推送出筒外，待飞到离筒口大约 5 米处点燃弹上双室双推力串联式火箭发动机，使导弹不断地增大飞行速度。当飞行速度达到 200 米/秒时，增速发动机停止工作，改由续航发动机驱动导弹，使它保持均匀速度继续向前飞行。采用发射筒发射时，弹体后部的弹翼最初是折叠起来包裹在弹体表面的，飞出筒口后迅速向四周张开，它的作用是为导弹提供升力。选择什么材料制造弹翼，这是设计师们遇到的另一难题，因为这种材料既不能太软，又不能太硬，既要有足够的强度，又要有一定的挠度。经过对玻璃钢、铝合金等许多材料进行大量试验，最后选用模压纤维增强塑料终于获得了成功。

制成的全套"红箭-8"武器系统由导弹、发射制导装置等部分组成。导弹直径120毫米，长0.87米，翼展320毫米，重11.2千克。导弹平时密封在发射筒中，发射出筒后导弹是旋转着向前飞行的。导弹飞行中可以通过燃气舵机进行360°方向控制。导弹可以由步兵装在地

红箭-8反坦克导弹

面三脚架上发射，也可装在轻型装甲车或其它车上发射。在车上发射时采用升降式发射架。转动升降机，就可使发射装置和筒装导弹伸出车窗，对敌人进行快速瞄准射击。导弹对100～500米距离的目标射击时命中率70%，对500～3000米目标射击的命中率达到90%以上。引爆战斗部后可击穿180毫米厚的装甲。它除可用来攻击坦克等装甲目标外，也可用来摧毁敌人的火力点和坚固防御工事，甚至对空中目标的射击也取得了良好效果。

▌核潜艇诞生记

1945年12月4日，美国《纽约时报》首次引用了海军研究室机电处主任加恩的一段话："……原子能首先要带动机械，以便推进船舶。"与此同时，《时代周刊》也出现了"用原子能推进水下运输船舶"的可能性的述评。

1946年春，由于美海军研究室主任的多方游说，美海军部终于开始认真地考虑核动力推进应用可行性的探讨。同年4月4日，美国海军总体委员

会提出："应立即开始积极和广泛地研究和发展用于海军舰艇推进的原子动力。"

基于海军总体委员会的决定，海军决定成立一个原子能研究机构，计划挑选 4 名青年军官作研究员，并决定挑选一位适合作研究工作的上校军官主持工作。当时，一般人均沉浸在战后的闲散情绪中，对核动力的研究不太重视，可海军上校里科弗却敏锐地看到，既然原子弹能爆炸成功，说明原子能应用的理论已经成熟，核

核潜艇

动力工程技术必将使海军舰艇，特别是潜艇发生巨大的技术革命。基于这一点，里科弗主动向上级申请，要求组织研制核潜艇。

里科弗的申请很快便获得批准。1946 年，他被派往田纳西州橡树岭学习核动力应用专业，并担任了"曼哈顿"工程区计划副主任。

然而，美国政府不久就决定，将原子能发展的重点从军事转移到和平建设中，并专门成立了一个原子能管理委员会。

面对越来越多的困境，里科弗决定带领他的橡树岭小组的 4 名军官作一次全国旅行，企望在旅行中结识到全国研究原子能的权威，把他的雄才大略倾诉给同行的知音者，他相信，一个知音者的大结合，将可以有效地推动他梦想中的核动力革命潮流的到来。

于是，里科弗结识了他的顶头上司——船舶局局长米尔士将军，他结识了"原子弹之父"泰勒博士。尽管两位举足轻重的人物均向上司写了说明信，可一切依然石沉大海。

里科弗决定破釜沉舟，再一次从海军、国防部、原子能委员会一步步申请，直到他们同意核潜艇研制工作为止。

要将意见反映到海军部长那里，最为关键的一关是必须通过海军作战司令。当时的海军作战司令是太平洋战争中的名将尼米兹将军，接到里科弗的意见书后，他大有相见恨晚之感，很快便签呈海军部长，希望海军部长能同意这个计划。

意见书送到了海军部长约翰·沙利文的办公室。从这时起，里科弗是既担心接到部长签署的意见，又迫切期望接到部长签署的意见。终于，部长办公室的门打开了，一份签有"同意"字样的意见书送到了里科弗的手中。1948年5月1日，美国原子能委员会和海军联合对内宣布了建造第一艘核潜艇的决定。

1949年，里科弗被任命为国防部研究发展委员会动力发展部海军处负责人，并兼任原子能委员会和海军船舶局两个核动力部门的主管、核动力潜艇工程的总工程师。里科弗从1000多名考生中亲自挑选了100多名有理想和富于创造精神的青年工程师，把他们送到高等院校的核工程专业深造。同时，他决定千方百计地将全国最大的电气公司拉到自己身边，以便把所有优秀的核动力工程专业的人力和物力抓到自己的手中。

里科弗给部属定了这样一个设计方向，那就是"核反应堆生产出核能，然后用普通装置去推进潜艇。这是一个最简捷的方向，实践证明是一种最佳的方向，后来，大多数国家也是从这个方向打开突破口的。具体地说，它是一种浅显的方法：把用天然铀作燃料的核反应堆开动，进行核裂变反应，释放出大量的热能，然后用带有一定压力的水或其他载热剂把这大量的热能"载"出，载到蒸发器，载热剂在蒸发器中把"载"来的热量传给不带放射性、流动的水，使水蒸发变成蒸汽，进而推动汽轮机组发电，在电的作用下，潜艇便可以在水下进退自如了。

理论是简单的，一进入实际就处处有难。里科弗和他的同事经过全力努力，克服种种困难，终于在1952年6月14日开始了第一艘核潜艇"鹦鹉螺"号铺设龙骨的工作，美国总统杜鲁门亲自参加了这一仪式，并致贺词。

1953年3月30日11时17分（当地时间），潜艇用的陆上模拟堆热中子反应堆达到了临界状态。就是说，反应堆内部的链式反应开始了。1953年5月30日，核动力装置陆上安装全部结束，紧接着，完成了反应堆功率试验工作。

在"鹦鹉螺"号核潜艇完工之前，A反应堆已经建造成功，复制的B反应堆工程已经开始，而且已将使用B反应堆的第二艘核潜艇正式命名为"海狼"号。1953年9月，"海狼"号举行了龙骨安放典礼。与此同时，原子能委员会还决定由里科弗负责建造第一艘核航空母舰，并正式与西屋电器公司签订了合同。

鹦鹉螺号核潜艇

1954年1月24日，"鹦鹉螺"号这人类建造的第一艘核潜艇，经过研究人员大胆的设想和艰难的研制工作后，终于在上万名群众的面前下水了。艾森豪威尔总统的夫人和她母亲杜德夫人手捧粉红色的玫瑰花参加了下水典礼。此时，里科弗已荣升为海军少将，他和海军部长安德森夫妇及原子能委员会的负责人一同参加了典礼。

中国核潜艇浮出海面

1958年6月，对世界军事动向极端敏感的聂荣臻元帅立即请来海军政委苏振华、海军副司令罗舜初、中国科学院副院长张劲夫、一机部副部长张连奎、二机部副部长刘杰、国防部五院院长钱学森和副院长王诤以及有关业务部门负责人，与他们一起商讨我国核潜艇的研制、生产情况。

这是一次极其机密的会议，是我国制造核潜艇的第一次会议。会上，大家就国产核潜艇的研制进行了座谈讨论，并就研制原则、进度分工、组织领导、总装厂建设等问题取得了一致意见。会议决定由聂荣臻元帅以自己的名义亲笔起草一份《关于开展研制导弹原子潜艇的报告》。

这份标有绝密字样的《关于开展研制导弹原子潜艇的报告》于1958年

6 月 27 日报到中央，其核心内容是这样的："中国的原子反应堆已开始运转，在国防利用方面，也应早作安排，根据现有的力量，考虑国防的需要，本着自力更生的方针，拟首先自行设计和试制能够发射导弹的原子潜艇。"

这份绝密报告的第一读者是国务院总理周恩来。他看了这份报告之后，露出了赞赏的微笑，然后，拿起案前的鹅毛笔作了如下批示："请小平同志审阅后提请中政党委批准，退聂办"。第二天，当时任总书记的邓小平怀着与周总理同样的心情作了下列批示："拟同意。并请主席、彭总阅后退聂。"毛泽东主席、彭德怀也随即同意了这一绝密报告。

毛泽东誓言：核潜艇一万年也要搞出来

就在中国决定研制导弹核潜艇不久的 1959 年 9 月 30 日，前苏共中央总书记赫鲁晓夫乘坐一架"图 104"客机从莫斯科的伏努克机场起飞，经过 9 个小时的飞行，来到北京首都机场，参加中华人民共和国成立 10 周年的庆典。

周恩来、聂荣臻、罗瑞卿在同赫鲁晓夫的会谈中都提出，希望"老大哥"不要中断 1957 年由聂荣臻、陈赓、宋任穷代表中国政府和原苏联代表团在莫斯科签订的原苏联在火箭和航空等技术方面援助中国协定中所规定的项目，并再次提出核潜艇技术问题。赫鲁晓夫说："核潜艇技术复杂，你们搞不了；苏联有了核潜艇，你们就有了，我们可以组织联合舰队。"

中国核潜艇

面对以赫鲁晓夫为首的苏联代表团的轻视，面对赫鲁晓夫以组建联合舰队为筹码给予帮助的条件，中国决策层发怒了，毛泽东主席发怒了。毛泽东主席十分气愤地说："核潜艇，一万年也要搞出来。"

人类发明史上伟大的贡献

RENLEIFAMINGSHISHANGWEIDADEGONGXIAN

核潜艇研制几乎胎死腹中

1958 年年底，我国原子能反应堆的和平利用研究取得了成果。面对中国核科学的首次突破，海军和第二机械工业部立即携手组织人力进行核潜艇的研制工作。经协商，这一工作具体由当时的海军科学技术研究部（简称海军科研部）部长于笑虹少将负责。

根据钱伟长、汪德昭等科学家的建议，于笑虹将军组建了 6 大研究所，分别负责和承担了以下工作：舰船和动力装置的总体设计研究工作，鱼雷、水雷、扫雷、防潜等研究工作，水声研究工作，海洋科学和航海设备研究工作，海军重大工程研究工作，海军医学研究工作等。

正当中国科学工作者满怀信心全力研制核潜艇时，一个早有所料但极不愿发生的事件终于成为事实：苏联人于 1960 年 8 月开始撤走全部在华专家，撕毁了全部协定。至 1962 年，所有的原子能专家全部撤离了中国。

靠自我力量研制设计核潜艇的工作虽然没有受此影响，但全面依靠前苏联技术的原子弹研制工作却遭到了致命的打击。在此期间，中国大地上又发生了连续 3 年的自然灾害和政策上的失误，国民经济建设处于最困难时期，国家已经没有力量同时支撑原子弹和核潜艇两个摊子。聂荣臻根据当时国家的人力、物力和财力状况，确定国防科研工作要"缩短战线、任务排队、确保重点"的方针，经全面权衡，把研制原子弹、氢弹放在第一位，让包括核潜艇在内的其他项目下马。当时，陈毅元帅听到这个消息后很不高兴。他说："我不赞成这方面的缩减，不管要 8 年、10 年或 12 年，都要加紧进行！"1960 年，由海军和二机部的研究机构联合组建的舰艇研究院的领导对核潜艇工程下马的善后工作做了多次研究。舰艇研究院院长刘华清和政治委员戴润生认为："从长远考虑，核潜艇研制工作不宜全部下马。"

于是，一支由 50 多人组成的核动力研究室在周恩来总理的批准下成立了。为了能够在国民经济恢复之后立即投入核潜艇的研制工作，总设计师彭士禄想了一个办法，由他本人和朝铎、蒋滨森等几个了解核动力的专家给全研究室开了 5 门课——反应堆物理、工程热力学、自动控制、结构以及动力装置。于是，50 多人在人少事多的情况下边学边干了起来。

周恩来批准核潜艇工程再次上马

1964 年 10 月，战胜了 3 年自然灾害的中国人成功地爆炸了第一颗原子弹。从罗布泊上空升起的蘑菇云，大长了中国人的志气，提高了中国科学工作者自信心。

1965 年春节前一天，于笑虹和六机部部长方强、舰艇研究院院长刘华清一起开会。散会时，刘华清对于笑虹说："我们是个大国，有着广阔的海域，海岸线长达 18000 千米，沿海岛屿有 6000 多个，没有航速高，航程长的核潜艇，无论如何也是不行的！这些年，我们欠下了海军这笔帐，真叫我们时时惶恐不安哪！"

中国核潜艇 095

经海军、二机部、七院（舰艇研究院）等有关业务部门的再次全面论证，专家们认为全面研制核潜艇的条件已经基本成熟。3 月 14 日，第二、第六机械工业部联合向以周恩来为主任的中央专委写了《关于成立核潜艇总体研究机构的报告》。周恩来看到报告以后，很支持，但又考虑到国家经济刚刚复苏，遂先后召开了多次中央专委会议。经过大家的多次研究、讨论，中央专委基本上同意了报告中所提出的各项建议。

中央专委会不仅同意了报告中所提出的各项建议，还专门向有关部门下发了 7 个通知。这些通知的中心议题是中央决定核潜艇研制工作全面上马，并同时要求研制核潜艇的有关单位遵守如下 3 个原则：一是认真执行大力协同的方针；二是立足于国内，从现实出发，分两步走，先于 1972 年前研制成功反潜鱼雷核潜艇，然后研制导弹核潜艇；三是要求第一艘核潜艇既是试验艇，又能够在主要战术性能上相配套，并作为战斗艇交付使用。通知还明确规定了核潜艇研制的步骤、基本建设、经费和协作项目的安排。

确定第一个核潜艇艇体

设计一艘核潜艇，实际上就是完成一项高难的系统工程。当时的国防科委副主任刘华清将反潜鱼雷核潜艇的总体设计方案报告聂荣臻元帅，聂帅肯定地说："总体不要用常规潜艇的艇型，不然搞得两不像，既不像常规艇，又不像核潜艇。"

聂帅的话获得了我国核潜艇设计者的一致赞同。当时，我国核潜艇设计者手中除了两张不清楚的外型图之外，又多了一件从西方儿童玩具商店买回的核潜艇模型。他们认为，核潜艇模型起码在外表上与真正的核潜艇相近。

西方的儿童玩具把核潜艇"建造"成酷似水滴状，引起了核潜艇总体所副总工程师黄旭华的深思。尽管黄旭华内心深处已千百次地将水滴型艇体定为中国核潜艇艇型，可还是这个儿童模型才使他下了最后的决心。当然，我国核潜艇设计者绝不会盲从儿童玩具模型。他们为此专门建造了一个 1:1 的模型，边实践，边改进，最后终于定下了适合我国艇员身高、操作习惯的中国水滴型核潜艇艇体。

用最"粗笨"的办法研制中国的核潜艇

我国核潜艇研制者解决问题的办法确实原始，在核潜艇研制的几年中，负责设计设备的专家经常要到元配件制造厂去弄清每个设备的重量和重心，在这些设备装上艇体之前，还要对照原制造厂提供的数据进行核查。核准之后，将各元配件数据（重量和重心）记录在案，并将安装过程中切下的边角余料及过剩的管道、电缆进行过称、计算，最后算出潜艇重量。

我国核潜艇设计师就是用这种"粗笨"、"原始"的办法，加上合理的配置，使中国核潜艇的稳定性达到了世界的先进水平。后来的事实再一次证实了这一点：当中国核潜艇在水下发射武器时，艇身的稳定性几乎与在陆地上发射新武器一样。

我国核潜艇设计者就是这样安全地安装好了所需要的上万台设备。可以这样说，中国核潜艇良好的性能正是工厂的设计人员、军代表、工人师傅们在狭小的空间滚爬出来的。

第一艘核潜艇"长征一号"

中国核潜艇完成了核能发电试验之后，于 1970 年 7 月 18 日 18 时开始作启堆试验。

启堆试验的成功与否，决定了核潜艇研制的成败。试验厅内，工作人员全神贯注地记录各种试验数据，整个试验大厅的空气仿佛都凝固了。中南海周总理的办公室内，周总理一连 10 多个小时守候在电话机旁，每隔一会儿就给试验场挂电话询问情况。

"长征一号"攻击型核潜艇

排除了几个小故障之后，启堆试验终于获得了极其满意的结果，参试人员及远在中南海的周总理脸上也终于露出了笑容。

1970 年 12 月 26 日，中国第一艘攻击型核潜艇终于下水，开始了码头安装设备的工作。与其他舰艇相比，核潜艇各个系统和设备的安装要复杂得多。据不完全统计，各种仪表设备有几百吨，各种电缆管理综合长度达 100 多千米，大小系统的工程项目有几百项。到 1971 年 4 月，各个系统的码头试验完毕。

根据周总理指示，全艇联合试验分码头、水面、浅水、深水 4 个阶段完成。这阶段共出海 20 余次，试验项目 200 个，累计航程 6000 多海里。

1972 年，为了减轻周总理的负担，中央决定由叶剑英具体负责核潜艇的研制工程。3 月 21 日，叶剑英、李先念、李德生等同志听取了关于反潜鱼雷核潜艇航行试验的情况汇报，并观看了现场拍摄的影片。影片一放完，叶剑英元帅第一个站起来鼓掌，高兴地向在场的科技人员说："核潜艇搞出来，人民感谢你们！"

1974 年 8 月 1 日，这个中国人值得自豪的日子，中央军委将我国研制的第一艘核潜艇命名为"长征一号"，正式编入人民海军的战斗序列。从此，人民海军进入了拥有核潜艇的新阶段，中国也成了世界上第 5 个拥有核潜艇的国家。

8 月 19 日，朱德总司令在海军司令员肖劲光的陪同下，驱车来到码头，稳健的登上我国自行研制的导弹驱逐艇，代表党和国家领导人第一次检阅核潜艇。朱老总说："这完全是自己制造的吗？"肖劲光答道："艇上所有设备，没一件是进口的！"

受阅中的中国核潜艇

我国第一艘攻击型核潜艇编入人民海军战斗序列之后，核潜艇的研制者就开始了国产战略核潜艇——弹道导弹核潜艇的研制工作。1983 年，国产第一艘弹道导弹核潜艇完成了各型试验之后，正式加入人民海军的战斗序列。

中国潜艇初次发射运载火箭取得成功，引起了全世界的震惊。美国《海军学会会报》写道："当中国宣布她从潜艇上发射弹道导弹试验成功时，事情已经变得很清楚：中华人民共和国即将成为世界上第五个拥有一支以海洋为基地，具有威慑力量的核大国。"英国《每日电讯》报评论："中国水下发射弹道导弹成功，意味着中国不久将拥有一支以潜艇为基地的核打击力量，这是任何潜在的袭击者都必须加以考虑的。"

航空母舰的诞生

1898 年，后来担任美国总统的美海军部次长罗斯福接受了史密森学院教授塞姆尔·P·兰利的建议，决定将载人气球用于海上作战。这一设想竟没有得到海军部的其他领导人的认可，他们认为，载人气球的作战用途只能限于陆地而绝不可能与军舰有缘，从而不给予资助和配合。而美国陆军部也同样以兰利教授的一次试验失败作为借口而拒绝合作，从而使兰利教授的飞行试验最终流产。

1903 年 12 月 17 日，自行车修理工莱特兄弟乘着他们发明的世界上第一架飞机作了史诗般的飞行表演，完成了美国的首次飞行器载人的成功飞行。1908 年，在罗斯福总统的敦促下，陆军部开始对莱特式飞机进行改进，以使它尽快成为军用设备。

正当大多数人认为飞机是陆战兵器的时候，一个独具慧眼的法国人克莱门特·艾德尔于 1909 年在他的一部名为《军事飞行》的著作中提到了在军舰上驾驶飞机的必要条件。他认为，飞机在军舰上起降需要一个宽敞平坦的起降甲板、甲板升降机、岛式上层建筑、机库。

美国航空母舰

同时，他还认为在军舰上降落飞机就要求军舰本身具备一定的高速度。不过，克莱门特·艾德尔的理论在其祖国却没有受到重视。正因为此，法国人的舰上飞行比对飞行有极大兴趣的美国人及拥有世界上第一流海军的英国人整整落后了 10 年！

其实，在克莱门特·艾德尔的《军事飞行》发表前的 1908 年，美国海军中已有一些标新立异的人提出让飞机从一艘战列舰上飞行的设想，但由于这些人仅仅是说说而已，并没有准备尝试。倒是之后的一篇报道引起了美国人的警觉，促使美国人加快了飞机海战的试验。

这篇报道说的是这样一件事：德国人正研究试验，准备让一架携带邮件的飞机从航行在汉堡——美国航线上的一艘德国邮船的前甲板平台起飞，以加快向纽约投递邮件的速度。此消息一在报纸上刊出，美国人当即敏感地猜想：德国当局是不是以邮政作掩护，正在试验一项攻击美国的新技术？美国当局当即任命海军物资局局长助理华盛顿·欧文·钱伯斯海军上校为军舰上起飞试验的总负责人。

尽管钱伯斯被任命为试验的负责人，但美国海军部却没有钱资助钱伯斯进行试验。面对困难，钱伯斯没有灰心，他设法动员了对航空事业颇有兴趣的政治活动家、出版商约翰·巴里·瑞安投资。之后，钱伯斯又去说服了飞机设计师格伦·H·柯蒂斯和他雇用的民间飞行员尤金·伊利，得到了他们的帮助。

1910年1月9日，起飞试验小组在美新型巡洋舰"伯明翰"号的前甲板上方竖起了一个向前倾斜的平台，其他工作也准备就绪，并决定于11月14日在汉普顿锚地试飞。这一决定公布之后，《世界报》发表了一则令人惊奇的消息。原来，为了敲打美国海军，加快舰载飞机试验的进展，《世界报》决定支持一位名叫丁·麦克迪的飞行员于11月12日以"宾夕法尼亚"号邮船起飞试验。非常遗憾的是，麦克迪在起动引擎时，不慎打坏了桨叶，从而使试验流产了。

尽管《世界报》所组织的试验未能获得成功，但它却刺激起尤金·伊利的好胜心。1910年11月14日，"伯明翰"号按规定停泊在汉普顿锚地，远远看去，舰前甲板上方的长25.3米、宽7.3米的木质飞行跑道若人注目。一架待飞的单人双翼飞机正迎风而立。按计划，应等待军舰迎风航行时才能起飞，但由于狂风骤起，为了能够圆满地完成试验任务，驾驶员伊利仓促起飞。

飞机顺利地发动了，随着螺旋桨的越转越快，机身迅速地向前滑去。由于舰上可供飞机滑跑的距离实在太短，使得飞机在脱离甲板的一瞬间，仍未达到起飞速度。由于速度不够，机翼带来的升力自然不足，只见飞机在滑完 26 米的跑道后，机头直往下扎，而且驾驶员同指挥台的通讯联系也不知因何中断了。人们惊呆了，以为一场惨剧将不可避免地发生。眼看就要机毁人亡的时候，沉着的伊利巧妙地操纵起飞机

日本航空母舰

的尾水平舵，终于使飞机在即将闯入海面触水而机毁人亡的瞬间昂起了机头，紧贴着水面蹒跚地飞行了几千米，在海滩旁的一排小木屋附近安全着陆。

这次试飞成功，引起美国海军部的高度重视。虽然当时有不少舰队指挥官仍然强烈反对继续进行这种试验，他们认为在大型军舰上安装飞行甲板会妨碍各种舰炮威力的发挥。但是，美国海军部却坚持拨出专款作进一步的试验，钱伯斯工程师甚至提出，所有的巡洋舰都应装上这种平台。同时，还有人提出把起飞平台装在战列舰炮塔背面的设想等等奇特见解。

在这股热情的推动下，钱伯斯获准让尤金·伊利在重巡洋舰"宾夕法尼亚"号上降落，飞行时间定于 1911 年 1 月 18 日，飞行地点在旧金山海湾。这次飞行是从海岸上起飞，在"宾夕法尼亚"号上降落，其飞行难度更大，危险性也更大。同时，对军舰本身也相当危险，为此，伊利把自行车的内胎缠在身上作求生衣，在巡洋舰尾部上方安置了一块长约 36 米、宽约 9.6 米的平台，平台从巡洋舰的主桅杆下面一直伸到舰体之外。为了使飞机降落滑行时不至于冲出平台而掉入水中，故让试验在军舰航行时进行，以使飞机降落于舰体之上时能利用逆风的风速，从而比较容易控制飞机。同时，他们还在平台上横向配置了 22 道钩索，每道钩索两端用 50 磅重的沙袋系住。当飞机从海岸起飞降落于舰船之后，这种古老的方法迫使降落的飞机在其向前滑行的同时降低速度。1911 年 1 月 18 日，在"宾夕法尼亚"

号重巡洋舰上的飞行试验终于开始了。这一天天气很坏，由于风力大，"宾夕法尼亚"舰的舰长认为该舰所处水域太小，故临时决定抛锚，让舰尾迎风。可以这样说，该舰长的这一决定是非常错误的，他给伊利带来了更大的危险。好在伊利当时对这一危险的认识程度不足，他仍像平安无事一样，驾机向"宾夕法尼亚"号开去，并在着舰前迅速降低高度冲向舰尾，贴近平台的倾斜尾板时，他拉起飞机，迅速关闭引擎。由于飞机的冲力巨大，飞机轮子旁专门制做的铁挂钩只挂住了后面的 11 根拦阻索，在距平台前端仅 9 米的地方停了下来。紧接着，一个小时后，伊利又驾驶飞机从这艘巡洋舰上起飞，安全降落在海岸上。

这次试验的成功，引起了世界各国海军的普遍关注，各海军大国纷纷开始了类似的试验。可以这样说，这次试验与首次试验一起奠定了航空母舰作为一种新舰种的基础。

在第一次世界大战中，潜艇的作战威力日益显露，由于飞机在反潜作战中具有独特的反潜作战能力，使得飞机的作用和地位不断提高，故此，航空母舰的正式改装研究工作起步了。

由于美国部分高级将领强烈反对这项研究，使得美国已经取得的试验成果未能发挥它应有的作用。英国海军后来者居上，不久就将一艘巡洋舰"竞技神"号改装成世界上第一艘以搭载水上飞机为主要使命的航空母舰。1918 年，英国海军将一艘巡洋舰的前、后甲板上的主炮塔拆除，铺上跑道，以甲板中部的上层建筑为界，舰首的跑道供飞机起飞用，舰尾的跑道供飞机降落用。这是

中国航空母舰

最早出现的由旧军舰改装而成的真正的航空母舰，它能装载 20 架飞机。

由于飞机起飞跑道和降落跑道的分开铺设，使得在一艘长度有限的航空母舰上，起飞和降落的跑道均显得过于短小。经过多次试验，英国海军部决定将由客轮改建的"百眼巨人"号改装成全通式飞行甲板，割去烟囱，改成装在甲板边缘下面通向舰尾的水平排烟道，这样，飞机的起飞和降落就方便多了。

1922年，美国海军部终于力排众议，把一艘运煤船改装成美国第一艘航空母舰"兰格利"号，该舰标准排水量11050吨，满载排水量14700吨，可载机30多架。

就在同年底，日本新建了一艘航空母舰"凤翔"号，这是世界上第一艘直接设计和建造的航空母舰。该舰1919年开始设计，载机26架，它的出现，标志着浩瀚的大海上从此出现了初步具备现代航空母舰规模的"海上航空兵基地"。

中国导弹艇的研制

1958年10月，中国政府派出了以海军政委苏振华为团长的政府代表团，去莫斯科商谈引进舰艇技术的有关事项。当时，前苏联海军同意卖给中国5种类型舰艇的设计技术图纸，而其中2种是大型导弹艇和小型导弹艇。

1959年2月，中国海军与前苏联海军达成协议，购买5种类型舰艇（包括上述2种导弹艇）的材料、设备、技术资料。中国导弹艇的发展开始走上了一条技术转让、国产化改进、自行设计的发展之路。

1959年10月，海军党委向中央军委呈交的报告中写到：今后海军建设以导弹为主并不断改进常规装备；以发展潜艇为重点同时发展中、小型水面舰艇。在这一思想的指导下，中国造船工业加快了导弹艇的研制步伐。

6623 型木质导弹艇面世

前苏联 1959 年转让技术的 6623 木质导弹艇是 50 年代末在木质鱼雷艇的基础上改建的，可同时发射 2 枚舰对舰导弹。该艇的设计图纸转让给中国时，还未最后完成设计和试制，图纸差错较多，并缺少 1000 多项技术资料。

为了尽快按照转让的技术制造导弹艇，中国科研人员没日没夜地查图纸、列算式，希望能够早日摸清原设计者的意图和设计手法。然而，正当中国科研人员满怀信心之时，前苏联于 1960 年 8 月撤走了全部专家。对此，中国科研人员不气馁，对转让的图纸和设备进行了深入的研究和探讨，逐个弄清了其主要部件的情况，解决了许多模糊不清的问题，完成了设备安装前的调试。但是，由于前苏联中断了部分材料和设备的供应，科研人员只得用国产材料和设备替代。经多次组装试验，解决了一个又一个难题。终于，第一艘导弹艇于 1962 年 8 月顺利下水。

然而，中国导弹艇的建造者们毕竟没有经验，同年 9 月的海上试验发现该艇的螺旋桨与主机、船体不匹配，航行时艇的纵倾角太大等问题，故不能满足导弹发射时对艇航态的要求。

面对第一艘导弹艇存在的问题，1963 年 701 所提出改进方案。经多方分析论证，701 所采取降低阻力和减少纵倾角的措施后，使艇的航态能基本满足导弹发射时的要求。之后，科研人员重新设计和换装了螺旋桨，使艇体的航速得到进一步提高。经海上试航表明，该艇海上快速性、操纵性和耐波性均符合要求。这艘艇 1964 年 8 月正式加入人民海军的战斗序列。从此，人民海军有了自己的导弹艇。1965 年，该型艇成功地进行了导弹发射试验。尽管该型导弹艇仅建造了 2 艘，但它为中国人民海军培养了第一代导弹艇设计师和第一代导弹艇指战员。

6621 型钢质导弹艇建成

前苏联 1959 年转让技术的 6621 型钢质导弹艇是当时世界上性能优异的导弹艇之一。该艇能同时发射 4 枚舰对舰导弹。并配备了 2 座 30 毫米双管舰炮和较新的其他装备，有较强的攻击能力和较好的耐波能力。但是，由

119

于前苏联同意转让该艇技术图纸时，该艇还处在研制和试验阶段，所以，图纸资料很不完整，图纸中存在很多问题。对此，设计部门根据国产材料和设备供应的实际情况，对图纸进行分析、清理、修改、补充，使设计图纸完整并成套。1960年，开始建造该型导弹艇。1968年8月，首艇下水，同年9~12月顺利进行了码头系泊试验。1964年1~6月，该艇再次顺利完成工厂试航，同年8月开始进行国家试航。

在进行国家试航时，该型导弹艇主发动机曾多次发生故障，为了保证钢质导弹艇战斗力的正常发挥，科研人员反复进行调试、保养，终于在1965年9月完成国家试验，同年10月在试验基地进行导弹发射试验。在试验过程中，当试验弹由在右舷后部的发射装置发射后，前发射筒盖及防风暴走廊等多处发生损坏，经仔细查找原因之后，科研人员对损坏处进行了修复，并于同年12月再次进行发射试验。这次试验比较圆满，艇上结构完好无损。于是，该艇于1965年12月底正式在中国海军中服役。

60年代前期，国家着重安排了大型导弹艇所用材料和设备的国产化试制工作，如低合金船体钢材、大功率高速柴油机、"上游"1号导弹系统、全自动式30毫米双管舰炮系统（包括火控雷达、指挥仪等电子设备）都是关键项目。从60年代后期开始，该艇所用的材料和设备逐步立足于国产。到1970年，终于研制成功了全面国产化的大型导弹艇，并于1971年建成该型导弹艇。

在大型导弹艇国产化生产的过程中，科技人员还对该型导弹艇进行了不少改进，主要包括：研制并换装了可放倒式钢质桅杆；导弹装载架改为短装载架；人工起、抛锚改为锚链筒自动收、抛锚；在南方使用艇上增添了空调系统；改进了电站和消磁装置；增加了无线

中国隐形导弹艇

电台、警戒雷达、测探仪和保密机等设备。经过以上各项的改进，大型导弹艇的战术技术性能大大提高了。1975 年，该大型导弹艇定型生产，随后大批量生产，并装备海军部队。

66 型导弹艇自行研制成功

1966 年 1 月 19 日中共中央专委第 14 次会议批准自行研制第一代小型钢型导弹艇，代号为 024。该艇由 701 所主持设计。艇上的导弹发射装置由 713 所设计。1966 年 4 月，该艇正式开工，8 月下水，9 月在江上进行系泊及航行试验，10 ~ 11 月进行发射试验弹的海上航行试验。试验结果表明，该导弹艇的技术性能达到了设计要求，某些性能超过了设计指标。12 月该艇正式交付海军使用。同月该艇完成设计定型，并被正式命名为 66 型小型导弹艇。然而，由于历史原因，该艇定型后，一直被束之高阁，直到 1970年，这项工作才重新受到关注。从 1971 年起，才开始小批量生产该型艇。后经 701 所 2 次修改图纸，该型艇于 1975 年 2 月正式生产定型。在当时它是中国自行设计的最大吨级导弹艇，具有较好的耐波能力和快速能力，在浪高 2 米时，其航速仅比静水时的最高航速减少 7%，其总体布局也比较合理。该型艇可同时发射 2 枚舰又寸舟见导弹，并装有一座 25 毫米双管舰炮。

该型艇从方案设计到设计定型仅用了 2 年时间，从开工生产到设计定型则仅用了 10 个月时间，这比以往根据转让技术研制快艇周期还要短。由此可见，中国海军导弹快艇的发展已完成了从技术转让到自行研制的全部过程。

80 年代以来，随着中国海军现代化、正规化建设速度的日益加快，海军对舰艇的装备提出了新要求。1980 ~ 1982 年

中国研制的世界第一艘双体隐形导弹艇

间，由 701 所负责改装设计，海军 4805 工厂负责施工，将 1 艘小型钢质导弹艇改装为能发射 4 枚多用途导弹的导弹艇。改装后该艇总体性能不变，而攻击能力却大大加强了。1983 年，大型导弹艇导弹伸缩臂发射装置研制成功，与原先固定式导弹发射装置相比，吊装 4 枚导弹的时间仅为原先的3/4，从而大幅度提高了战备适应能力。

■ 雷达——人类的千里眼

1934 年的一天，英国皇家无线电研究所所长罗伯特·沃特森·瓦特，正带领一批科学家，进行地球大气层的无线电科学考察。沃特森·瓦特在观察荧光屏上的图象时，被图象中突然出现的一连串亮点吸引住了。开始时，他以为是自己眼睛看花了，但揉揉眼睛后，再仔细一看，一串串亮点依然存在。这是一种什么无线电波信号呢？他组织人员进行调查，结果周围没有任何在使用电器一类东西。

"即然不是无线电干扰，那又是什么原因引起的呢？"沃特森·瓦特有点丈二和尚摸不着头脑了。"莫非这些亮点是被某些物体反射回来的无线电波信号？"这促使他进行了一系列的实验。最后终于发现，这些亮点原是被实验室附近一幢高楼反射回来的无线电回波信号。

这一发现使沃特森·瓦特非常高兴，"即然高楼大厦能反射电波，那么，正在空中飞行的飞机是不是也能在荧光屏上被观测到呢？"

1935 年 1 月，沃特森·瓦特奉命组织了一个研究小组，在欧洲和美国一些国家试制探测飞机的雷达的基础上，根据自己的发现，首先进行电波发射装置和接收设备的试制攻关。经过一个多月的日夜奋战，这套装置终于试制成功了。接着，又马不停蹄地转入实用性的实验。他们将全套装置装在一辆载重汽车上，开始对 15 千米外起飞的飞机发射无线电波；当发射的电波碰上飞机，便立即被反回。"成功了！成功了！"接收装置接收到回波信号时，全体成员欢呼雀跃。就这样，世界上第一部雷达诞生了。

这次实验发现飞机，是在飞机距离接收点 12 千米。12 千米，人虽然看不见飞机影子，也听不到飞机的声音，但作为一种武器，它还必须改进和提高。于是，英国政府投入力量，在极为偏僻的山村里秘密地建立了一个研究所，配上精良的仪器设备。半年内，沃特森·瓦特的研究组又攻克了许多技术难关，把接收装置改为荧光屏，并能直接读出飞机的高度和距离，终于使他们的雷达成为能够发现 80 千米外的飞机的实用雷达。

雷达出现后的故事

1939 年 9 月，第二次世界大战全面爆发了。为了进行有效的防卫，英国首先立即拨出巨款，在英伦岛上的东部和南部海岸线上，设置新发明的雷达设备，建立雷达站。当德国轰炸机远在 80 千米外的海面上空向英国本土飞来时，伦敦警报就响了，英国雷达站早已把这些敌机的架数、航向、航速和抵达英国领空的时间，十分准确地观测出来，严阵以待的英国皇家空军战斗机立即升空，不少德国飞机还没有来得及飞入英国领空，就被击落在大西洋了。

在海战中，雷达也发挥它的奇特本领。有一次，德军的"邓普号"潜艇，在大西洋上一连击沉数艘英国商船。艇长得意忘形，他想要亲眼见见英商船沉没时的情景：停在可用潜望镜观察的深度，就把潜望镜和空气管升出海面，自己便观察起来。谁知他的潜望镜一露出海面，就被英舰雷达发现了。英舰立即发起攻击，投下了 10 多枚深水炸弹。顿时洋面掀起巨浪，"邓普号"潜艇被炸得遍体鳞伤，只好上浮当了俘虏。

雷 达

1941 年 12 月 7 日，一个星

期日的早晨，珍珠港的美军士兵还沉醉在周末的余兴之中；奥帕纳山岗上的美军雷达站还关闭着。两名新兵出于好奇，打开了雷达，突然荧光屏上出现了密密麻麻的闪光点。"发现了日本的大机群！"他们立即报告了防空情报中心。可是值班军官却判断失误，没及时向上级汇报，也不及时吩咐雷达严密监视，而误以为是自己航空母舰上的飞机在编队演习，根本没想到这是从6艘日本航空母舰上起飞的183架战机。这就完全使太平洋舰队失去作战准备，因此，造成了珍珠港事件的巨大灾难。如果按雷达报警准备，完全可以避免这场灾难，至少不会遭受如此覆灭性的打击。

兴旺发达的雷达家族

随着战争中各种各样新式武器的发展，雷达已形成了一个庞大的家族。据不完全的统计，目前世界上已有各种各样军用雷达400多种。

这个家族中，发展最快的是地面防空雷达。它的主要任务是不间断地监视着境外敌机、导弹的活动情况，及时向防空指挥中心提供入侵敌机、导弹的情报，准确引导歼击机、高炮或导弹将其击落。人们将它称作"远警雷达"。1969年11月1日凌晨，以色列的48架战斗轰炸机从境内的艾德鲁空军基地起飞，去袭击埃及五号空军基地上的战斗机。当飞机飞到地中海南岸的沙德旺岛上空时，埃及空军早有准备，发射了苏制萨姆－6导弹，结果当即击落了46架，2架侥幸逃脱的以色列战机，也在回途中被击落。后来美国中央情

低空补盲雷达

报局经侦查，才知是埃及不久装备了前苏联的新远警雷达的功劳。

地面还有一种制导雷达和炮瞄雷达。制导雷达是导弹的眼睛，敌机一进入地空导弹的防区，雷达马上跟踪上敌机，并把敌机方位距离的数据送到电子计算机中去，计算机经计算后，自动控制导弹击中目标。现在的导弹上还装有微型自导雷达。地面制导系统将导弹引到目标一定距离后，导弹上的自导雷达就盯着不放，直至命中目标。炮瞄雷达是将雷达与 4~6 门火炮连在一起，用雷达作瞄准具，炮弹打出去，差不多是"百发百中"了。

本世纪 60 年代后，科学家又把多种雷达进行合并，研制出第二代雷达，把远警、引导、跟踪、制导、测高多种性能结合为一体，成为一种多面手的"相控雷达"。它在 30 秒钟内可以对 300 个目标进行跟踪，并预测出 200 个目相的弹着点，最大探测距离可达 3700 千米，连 46325 千米的高空卫星也能发现，可以说是当前雷达的尖子了。

此外，还有机载雷达、舰载雷达等。机载雷达中又有远警雷达、瞄准雷达、侧视雷达、护尾雷达等等。"明枪好躲，暗箭难防"。雷达作为军队的"千里眼"，它应用在兵器和战场的每一个地方。

其他领域篇

中国的四大发明

指南针

指南针是中国史上的伟大发明之一，也是中国对世界文明发展的一项重大贡献。指南针是利用磁铁在地球磁场中的南北指极性而制成的一种指向仪器。磁石的这种特性，被古人利用来制成指南工具。最早出现的指南工叫司南，战国时已普遍使用。它是利用天然磁石琢磨而成，样子像一只勺，重心位于底部正中，底盘光滑，四周刻二十四向，使用时把长勺放在底盘上，用手轻拨，使它转动，停下后长柄就指向南方。东汉王充《论衡》记载了它的形状和

指南针

126

用法。《鬼谷子·谋篇》里还谈到郑国人到远处去采玉，就带了司南，以免迷失方向。另外，指南车的发明亦谁一步把这种仪器提升至更高的境界。

但是，用天然磁石琢磨而成的司南，成品较低，磁性较弱。到了宋代，人们发明了人工磁化方法，制造了指南鱼和指南针，而指南针更为简便，更具实用价值。它是以天然磁石摩擦钢针制成，在地磁作用下保持指南性能；以后把它装置在方位盘上，就称为罗盘。这是指南针发展史上的一大飞跃。

扰括对指南针放置方法也作过详细研究，总结出 4 种不同的方法，并作了比较：一、水浮法。把指南针浮在水面以指示方向，至于具体方法，沈括没有说明。到北宋晚期，药物学家寇宗奭的《本草衍义·磁石条》才有介绍，原来是在指南针上穿上灯心草，就可以把针浮起。水浮法的缺点是磁针会随水摇荡不定。二、指甲旋定法。把磁针放在指甲上，可以灵活运转，但缺点是容易滑落。三、碗唇旋定法。把磁针放在碗口边绿上，也可以旋转自如，但同样易掉落。四、悬丝法。取一根新棉丝，用一点蜡黏在磁针中央，悬挂在没有风的地方磁针即可指示方向。比较之下，沈括认为这个方法最为理想。

指南针在公元 11 世纪时已是常用的定向仪器。指南针的最大贡献，是大大地促进了航海事业的发展。据考证，公元 11 世纪末，指南针就开始用于航海了。大约在 12 世纪末到 13 世纪初，指南针由海路传入阿拉伯，然后由阿拉伯传入欧洲。

造 纸

造纸术的发明，是我们中华民族对人类的一个重大贡献。公元 89 年，汉和帝即位，他提升一个小宦官蔡伦担任中常侍，让他参与国家大事。后来，蔡伦兼任尚方令，监督工匠为皇宫制造宝剑和其他用品。

蔡伦忠于职守，一上任就到各个作坊去视察。这一天，蔡伦来到制造麻纸的作坊里，看到许多大缸里泡着青麻的茎皮。蔡伦很是好奇，就问这些是干什么用的，一个工匠告诉他，"青麻加上石灰，在水缸里泡上十天半个月就泡烂了，然后捶打成浆，就可以造麻纸了"。蔡伦觉得这太神奇了，连忙惊叹说："好，好啊！"可是工匠接着说："用这种方法造出的麻纸虽然比丝棉纸或绸缎花费的成本低，但麻纸太粗糙，吸墨性不强，写起字也很不方便。"

蔡伦听了这一番话，心中若有所思。青麻纸现在还不尽如人意，但比从前用竹简写字方便得多，也比在绢帛上写字便宜得多。如果能把青麻纸改进一下，让它变得平滑光洁，又能吸墨，那就可以广泛使用了。

此后半个月，蔡伦天天到造纸作坊去，观察工匠们的造纸过程，有时还帮忙挑水或者用榔头捶打青麻，很受工匠们的欢迎和尊重。

蔡伦时刻都在思考改进造纸的方法，但苦于无从入手。为此他饭也吃不香、觉也睡不安。一天中午，他趴在桌上小憩，恍惚之中，他来到作坊旁的晒纸场。明亮的阳光下，灰蒙蒙的青麻纸一会儿变成黄色，一会儿又变成白色了。他伸手去抚摸纸面，感到十分平滑。忽然，天空中传来一阵雷声，

蔡 伦

紧接着哗哗地下起大雨来。"快收纸！"他大声喊着，随后就一下子惊醒了，原来是一场梦！他再也睡不着了，心想：能否改变造纸原料的配方呢？

他从家里找出一小捆破布头，立即赶到作坊。他找来最有经验的工匠王腊，叫他把破布头洗净，加入泡料的缸里。七八天以后，纸晒出来了。这一次造出的纸平滑得多，和梦里见到的那种灰白的纸差不多。蔡伦的心中充满了无限的喜悦和希望。

随后，他和工匠王腊又经过多次试验，分别用柯皮、麻头、破布、旧渔网等做原料，再加入不同的填料和染料，制成了不同规格、不同质量、

不同用途的纸。他造出的纸价廉物美，适合书写，很快得到了推广，并进入了寻常百姓家庭。

蔡伦的造纸术，后来被传到世界各地，经过各地技术人员和工匠 2000 年的不断改进，造出了各种各样的书写纸、包装纸、建筑板纸等，为人类文明的传播做出了不可磨灭的贡献。

火 药

火药的发明应归功于炼丹家，它的问世经历了一个较长时间的孕育过程。在古代炼丹家的炼丹活动中，硫磺和硝是常用的药品。硫磺被视为"能化金银铜铁奇物"，硝石被认为可"久服轻身"，它们的易燃性亦在炼制活动中被炼丹家所认识。到了 9 世纪的唐代中叶时，炼丹家更发现了把硫磺、硝和炭混合在一起加热，会发生爆燃，引起火灾，烧伤人的手面，烧毁房屋。由此，人们便把以硫磺、硝和炭为主要成分配制而成的药物称为火药。在经过一段探索后，火药开始被实际应用。火药被引入医学，成为药物，用于治疗疮癣，以及杀虫、辟湿气瘟疫。

火药被引入军事，成为具有巨大威力的新型武器，并引起了战略、战术、军事科技的重大变革。大约在 10 世纪初的唐代末年，火药开始在战争中使用。初期的火药武器，爆炸性能不佳，主要是用来纵火。随着工艺的改进，火药的爆炸性能加强，新型的火器亦不断出现。《武经总要》中，记载

硫磺

有个火药配方，其中硝、硫、碳 3 者的比例分别为 60.30%：10%；61.54%：30.77%：7.69%；74%：26%（硝：硫），已接近于现代黑色标准火药的配比。该书中还记载了一种叫做"霹雳火球"的火器，点燃后声

129

如霹雳，为爆炸性火器之肇始。13 世纪上半叶，制造出具有巨大爆炸力的火器。1232 年，元兵攻打金人的南京（今河南开封）时，金兵曾使用一种叫"震天雷"的器，"火药发作，声如雷震，热力达半亩之上，人与牛皮皆碎迸无迹，甲铁皆透"，可见爆炸威力之强。

新式的管形火器也在 13 世纪的南宋时期出现。管形火器的出现，表明人类已在更高的层次了解火药的性能，能够更加有效地控制和操纵烈性火药。最先出现的管形火器是火枪，发明于 1233 年。它用巨竹制成，用以喷射火焰。1259 年又发明了突火枪，也是用巨竹制成，内安子窠，点燃后"子窠发出，如炮声，远闻百五十余步"。宋时一步为 5 尺，约相当于 1.58 米。到了宋末或元初，管形火器已先后用铜或铁铸制，大型的叫火铳，小型的叫手铳，已经具备了近现代枪炮的雏形。

火药在古代还用来制作娱乐用的焰火。逢年过节时，不管达富贵人还是平民百姓，都喜欢放爆竹、燃焰火，增添节日的喜庆。此外，火药被利用于开山、破土、采矿等。

火药的发明是我国人民对世界科学所做的巨大贡献之一，为人类的文明史写下了不朽的篇章。12 世纪时，火药还未传入欧洲，士兵们只得像唐·吉诃德那样，骑在马上用盾牌、长矛、刀剑进行冲杀。人民根本无法用这些原始的武器，冲开贵族领主们所盘踞的坚固城堡。一直到元代初期，蒙古人西征中亚、波斯等地时，阿拉伯人才通过交战知悉了包括火箭、毒火球、火炮、震天雷在内的火药武器，进而掌握了火药的制造和使用。欧洲人又是在和阿拉伯的战争中，接触和学会了制造火药和火药武器的。火药、火器传到欧洲，不仅对作战方法本身，而且对资产阶级战胜封建贵族起了一定作用。恩格斯曾这样评价过："火药和火器的采用绝不是一种暴力行为，而是一种工业的，也就是经济的进步。"

活字印刷术

公元 1041~1048 年，平民出身的毕昇用胶泥制字，把胶泥做成四方长柱体，一面刻上单字，再用火烧硬，使之成为陶质，一个字为一个印。排版时先预备一块铁板，铁板上放松香、蜡、纸灰等的混合物，铁板四周围着一个铁框，在铁框内摆满要印的字印，摆满就是一版。然后用火烘烤，将混合物熔化，与活字块结为一体，趁热用平板在活字上压一下，使字面平整。便可进行印刷。用这种方法，印二三本谈不上什么效率，如果印数多了，几十本以至上千本，效率就很高了。为了提高效率常用两块铁板，一块印刷，一块排字。印完一块，另一块又排好了，这样交替使用，效率很高。常用的字如"之"、"也"等字，每字制成20多个印，以备一版内有重复时使用。没有准备的生僻字，则临时刻出，用草木火马上烧成。从印板上拆下来的字，都放入同一字的小木格内，外面贴上按韵分类的标签，以备检索。毕昇起初用木料作活字，实验发现木纹疏密不一，遇水后易膨胀变形，与粘药固结后不易去下，才改用胶泥。

这就是最早发明的活字印刷术。这种胶泥活字，称为泥活字，毕昇发明的印书方法和今天的比起来，虽然很原始，但是活字印刷术的三个主要步骤——制造活字、排版和印刷，都已经具备。北宋时期的著名科学家沈括在他所著的《梦溪笔谈》里，专门记载了毕昇发明的活字印刷术。

毕昇发明活字印刷，提高了印刷的效率。但是，他的发明并未受到当时统治者和社会的重视，他死后，活字印刷术仍然没有得到推广。他创造的胶泥活字也没有保留下来，但是他发明的活字印刷技术，却流传下去了。

毕　昇

1965年在浙江温州白象塔内发现的刊本《佛说观无量寿佛经》经鉴定为北宋元符至崇宁（1100～1103）年活字本。这是毕昇活字印刷技术的最早历史见证。

张衡与地动仪

候风地动仪是汉代科学家张衡的又一传世杰作。在张衡所处的东汉时代，地震比较频繁。据《后汉书·五行志》记载，自和帝永元四年（92）到安帝延光四年（125）的30年间，共发生了26次大的地震。地震区有时大到几十个郡，引起地裂山崩、江河泛滥、房屋倒塌，造成了巨大的损失。张衡对地震有不少亲身体验。为了掌握全国地震动态，他经过长年研究，终于在阳嘉元年（132）发明了候风地动仪——世界上第一架地震仪。

据《后汉书·张衡传》记载，候风地动仪"以精铜铸成，圆径八尺"，"形似酒樽"，上有隆起的圆盖，仪器的外表刻有篆文以及山、龟、鸟、兽等图形。仪器的内部中央有一根铜质"都柱"，柱旁有八条通道，称为"八道"，还有巧妙的机、关。樽体外部周围有八个龙头，按东、南、西、北、东南、东北、西南、西北八个方向布列。龙头和内部通道中的发动机关相连，每个龙头嘴里都衔有一个铜球。对着龙头，八个蟾蜍蹲在地上，个个昂头张嘴，准备承接铜球。当某个地方发生地震时，樽体随之运动，触动机关，使发生地震方向的龙头

张　衡

张开嘴，吐出铜球，落到铜蟾蜍的嘴里，发生很大的声响。于是人们就可以知道地震发生的方向。

汉顺帝阳嘉三年十一月壬寅（公元134年12月13日），地动仪的一

个龙机突然发动，吐出了铜球，掉进了那个蟾蜍的嘴里。当时在京城（洛阳）的人们却丝毫没有感觉到地震的迹象，于是有人开始议论纷纷，责怪地动仪不灵验。没过几天，陇西（今甘肃省天水地区）有人飞马来报，证实那里前几天确实发生了地震，于是人们开始对张衡的高超技术极为信服。陇西距洛阳有1000多里，地动仪标示无误，说明它的测震灵敏度是比较高的。

据学者们考证，张衡在当时已经利用了力学上的惯性原理，"都柱"实际上起到的正是惯性摆的作用。同时张衡对地震波的传播和方向性也一定有所了解，这些成就在当时来说是十分了不起的，而欧洲直到1880年，才制成与此类似的仪器，比起张衡的发明足足晚了1700多年。

关于地动仪的结构，目前流行的有两个版本：王振铎模型（1951），即"都柱"是一个类似倒置酒瓶状的圆柱体，控制龙口的机关在"都柱"周围。这一种模型最近已被基本否定。另一种模型由地震局冯锐（2005年）提出，即"都柱"是悬垂摆，摆下方有一个小球，球位于"米"字形滑道交汇处（即《后汉书·张衡传》中所说的"关"），地震时，"都柱"拨动小球，小球击发控制龙口

地动仪

的机关，使龙口张开。另外，冯锐模型还把蟾蜍由面向樽体改为背向樽体并充当仪器的脚。该模型经模拟测试，结果与历史记载吻合。

那么，地动仪的内部结构究竟什么样子呢？有不少学者对此作过探讨。早在南北朝时，北齐信都芳撰《器准》，隋初临孝恭作《地动铜仪经》，都对之有所记述，并传有它的图式和制作方法。可惜的是唐代以后，二书均失传。今人的研究则以王振铎之说影响最大。王振铎根据前人的猜测，讨

论了地动仪内部可能有的各种结构，最后推断都柱的工作原理与近代地震仪中倒立式震摆相仿。具体说来，都柱就是倒立于仪体中央的一根铜柱，八道围绕都柱架设。都柱竖直站立，重心高，一有地动，就失去平衡，倒入八道中的一道。八道中装有杠杆，叫做牙机。杠杆穿过仪体，连接龙头上颌。都柱倾入道中以后，推动杠杆，使龙头上颌抬起，将铜丸吐出，起到报警作用。

文字的发明

文字的发明并不能归功于某一个人，它是先民们集体智慧的体现。

根据对文字的研究，人们发现在生产力极其低下的情况下，出于生存的需要，人们不得不联合起来，采用原始、简陋的生产工具，同大自然作斗争。在斗争中，为了交流思想，传递信息，语言诞生了。但语言一瞬即逝，它即不能保存，也无法传到较远一点的地方去，而某些需要保留和传播到较远地方去的信息，单靠人的大脑的记忆是不行的。于是，原始的记事方法——"结绳记事"和"契刻记事"应运而生了。

在文字产生之前，人们为了帮助记忆，采用过各式各样的记事方法，其中使用较多的是结绳和契刻。中国古籍文献中，关于结绳记事的记载较多。公元前战国时期的著作《周易·系辞下传》中说："上古结绳而治，后

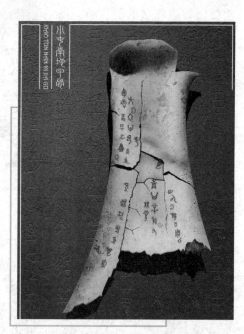

中国最早的文字甲骨文

世圣人易之以书契。"汉朝人郑玄，在其《周易注》中也说："古者无文字，结绳为约，事大，大结其绳；事小，小结其绳。"李鼎祚《周易集解》引《九家易》中也说："古者无文字，其有约誓之事，事大，大其绳，事小，小其绳，结之多少，随物众寡，各执以相考，亦足以相治也。"这是讲结绳为约，说得已相当明白、具体了。

契刻的目的主要是用来记录数目。汉朝刘熙在《释名·释书契》中说："契，刻也，刻识其数也。"清楚的说明契就是刻，契刻的目的是帮助记忆数目。因为人们订立契约关系时，数目是最重要的，也是最容易引起争端的因素。于是，人们就用契刻的方法，将数目用一定的线条作符号，刻在竹片或木片上，作为双方的"契约"。这就是古时的"契"。后来人们把契从中间分开，分作两半，双方各执一半，以二者吻合为凭。古代的契上刻得是数目，主要用来作债务的凭证。

结绳记事，契刻记事，以及其它类似的记事方法，世界各地的不同民族皆有之。中国一直到宋朝以后，南方仍有用结绳记事的。南美洲的秘鲁，尤其著名。有的民族，利用绳子的颜色和结法，还可以精确地记下一些事情来。

作为原始的记事方法的结绳记事，不论它用一根绳子打结，还是用多根绳子横竖交叉，归根结底，它只是一种表示和记录数字或方位的一些简单的概念，是一种表意形式，可以把它看成是文字产生前的一个孕育阶段，但它不能演变成文字，更不是文字的产生。因为它只能帮助人们记忆某些事情，而不能进行思想交流，不具备语言交流和记录的属性。因此，结绳记事不可能发展为文字。

由于结绳记事和契刻记事的不足，人们不得不采用一些其它的、譬如图画的方法来帮助记忆、表达思想，绘画导致了文字的产生。唐兰先生在《中国文字学》中说："文字的产生，本是很自然的，几万年前旧石器时代的人类，已经有很好的绘画，这些画大抵是动物和人像，这是文字的前驱。"然而图画发挥文字的作用，转变成文字，只有在"有了较普通、较广泛的语言"之后才有可能。譬如，有人画了一只虎，大家见了才会叫它为"虎"；画了一头象，大家见了才会叫它为"象"。久而久之，大家约定俗成，类似于上面说的"虎"和"象"这样的图画，就介于图画和文字之间，久而用之了。仓颉发明的字也就是这种图画文字。

随着时间的推移，这样的图画越来越多，画得也就不那么逼真了。这样的图画逐渐向文字方向偏移，最终导致文字从图画中分离出来。这样，图画就分了家，分成原有的逼真的图画和变成为文字符号的图画文字。图画文字进一步发展为象形文字。正如《中国文字学》所说："文字本于图画，最初的文字是可以读出来的图画，但图画却不一定都能读。后来，文字跟图画渐渐分歧，差别逐渐显著，文字不再是图画的，而是书写的。而书写的技术不需要逼真的描绘，只要把特点写出来，大致不错，使人能认识就够了。"这就是原始的文字。

甲骨文

发电机的问世

1820 年 7 月 21 日，天气酷热，丹麦首都哥本哈根一所学院里，物理教授奥斯特大汗淋漓地在讲课，快要下课时，教授灵机一动，做了一个电学的实验；偶然发现一条导线通电时，导线附近平行放置的指南针会摆起来，好像是有个看不见的手指在拨动它一样。这个举世闻名的电磁感应实验，揭示了电流可以产生磁的秘密；这个发现立刻引起了整个物理界的轰动，许多科学家纷纷转向电磁关系的研究，其中一位青年也因为写下要"将磁转化为电"的誓言。这就是设计并制造出世界第一台发电机的法拉第。

热爱科学

法拉第出生在伦敦市郊一个贫寒的铁匠家庭。他父亲打铁累坏了身体，很难维持一家人的生活，所以法拉第小时候连饭都吃不饱，更谈不上去上学了。

13岁那年，法拉第到一家"乔治·里波书店及装订工场"作童工。开始是作报童，后来才作订书学徒。他情性活泼，虚心好学，常常在送报和装订的余暇拼命读书自学。得到了店里老板的允许和鼓励。老板说："你尽管看吧！你不会因为晓得了书的内容便成为一个差一些的订书匠！"

法拉第

有一次，法拉第装订新出版的《大英百科全书》时，看到了一篇关于电学的文章。特别是富兰克林、吉尔伯特这些电学先驱者的故事，点燃了他对科学热爱之火。"电，这里面包含着许许多多的奥妙，如能够掌握它，为人类造福该多好啊！"这种想法一直萦绕在法拉第的脑际。

后来，他还参加了一个青年组织"城市哲学学会"学习。每逢星期三晚上，他在那里学到了电学、力学、光学、化学、天文等多方面的知识，每次听课都作了详细的笔记。

引人入胜

送书，装订书使法拉第读到了不少科技图书，也接触到许多科学界的人士。1812年夏天英国皇家学会有位叫丹斯的先生，常来里波书店装订图书，偶然看到了法拉第的读书笔记，很欣赏他的学风和对科学的理解能力，便送给法拉第四张皇家学会的听课券。作报告的人正是当时赫赫有名的戴维。这是他朝思暮想的事情。每次他都作了详细的记录，回家后，他把听讲笔记整理成册、作为自学用的《化学课本》。

科学就像摆在他面前的一座迷人的宫殿。当他结束学徒生涯的时候，他多么想去从事他喜爱的科学工作。他终于鼓足了勇气，给戴维写了一封信，还附上自己精心装订的《化学课本》，送给戴维审查，并表示"我的理想就是献身科学"，"极愿逃出商界而入于科学界"，"哪怕当个实验室的勤杂工也行。"

戴维收到信后，非常感动，很快写了回信，约他见面。一交谈，戴维非常欣赏法拉第的才干，便在第二年的 2 月，录用法拉第作他的助手。法拉第非常勤勉，他还在书店当学徒时，就曾用节省下来的钱买一些实验用品，自己摸索着做过不少实验；现在除观察实验过程，做好记录外，他还把戴维做过的实验，常常重做一遍，以求彻底理解，然后洗刷器皿、打扫房间，搬运化学药品，样样都干。他认为，这样做才能使自己学到很多东西。

电变磁吸引了他

1820 年，丹麦科学家奥斯特发现"电生磁"的消息传到了英国，法拉第的朋友菲力普斯准备写文章介绍这一发现，作为科学杂志的他怕这种报道缺乏理论依据，就来找法拉第核实。当时法拉第正集中精力研究化学问题，看过稿件后，并没有热衷于去研究这一物理课题。

但是，这一电与磁的奇怪现象，却引起了英国著名化学家武拉斯的注意。他重复了奥斯特的实验后，产生了一个新的念头：通电的金属导线能使磁针转动，那么，如果磁铁一端放一根通电电线时，电线会运动吗？于是，他便在戴维的实验室里做起试验来。当时法拉第正站在旁边仔细地观察了这个实验，他心里琢磨：虽然武拉斯的实验失败了，难道能说明实验没有成功的希望吗？他不相信，一次又一次地做起实验来。

1821 年 9 月 3 日，他将金属线改放在磁铁中间，并用伏打电池接在金属线两端，通电后，金属线终于向着一个方向移动起来了。

"移动了！移动了！"法拉第高兴地围着实验桌跳了起来。后来，他又多次重复了这个实验，都得到了同样的结果。于是，他将自己的试验写成论文，在当年 10 月号《科学季刊》上发表了。从此，他将全部兴趣和热情转到电磁学研究上来了。

磁能转化为电

进入电磁世界的法拉第，发现电与磁之间有着密切的关系。当时已有科学界证明：凡是铁或钢外面绕一根通电导线时，这块铁或钢就会被磁化。法拉第从大量的实验中想到：既然电可以转变为磁，那么反过来，磁是不是也可以转变为电呢？1822 年法拉第在他的日记本上写下了这样的誓言：

"转磁为电！"

于是，他开始了艰苦扎实的实验工作。他把一根铜线绕在磁铁上，铜线的两端接上电流计，观察电流计，指针一动也不动；他换了一个更大的磁铁，电流还是不动；他再换上一个更灵敏的电流计，指针仍旧纹丝不动。他又把铜线做成空心的线圈，线圈的两端接上电流计，线圈中放一条铁棒，指针仍然不动，说明没有产生电的现象。一次次的失败，并没有使他气馁，他仍信心百倍地把实验做下去。

这次，他把一根长铜线外面用布缠好，起绝缘作用，然后在铁环上绕了两个互不接触的线圈，一个线圈的两端接到开关电池上，另一个线圈的两端接到电流计上。准备好了后，法拉第又怀着激动的心情开始实验。他希望第一个线圈接通电流后，第二个线圈能感应出电流，因此，他一合上开关，使线圈通上电流，就去观察电流计，但指针却毫无动静。他分析可能是线圈的电流太小，于是他一次又一次增加电池的数量，但结果电流计的指针还是一动不动。就这样，10 年过去了，法拉第制造了许多线圈和仪器力图把磁变成电，都一一失败了。

法拉第在失败中坚信：磁对于电的关系虽然还是没有显露出来，然而这种关系一定存在。

用磁铁取出电流来

1831 年夏天，法拉第反复检查自己的实验记录，对多年来实验的思想和方法作了反思，并且逐件地检查实验器具，连一根导线都不放过。在检查电流计时，法拉第猛然发现他每次实验都是先接通电源，然而转过头来看电流计的。会不会问题就出在这里呢？

他马上又重新布置了实验装置。这次法拉第特地把电流计摆在电源开关旁边，他开始目不转睛地盯着电流计，然后倏地用手合上电源开关，就在这一刹那，电流计的指针跳动了一下；断开电流的一刹那，电流计的指针又摆动了。摆动的方向与通电时相反。这是千真万确的"一刹那"。法拉第欣喜若狂，不禁连声叫喊："电流！电流！"这是法拉第10年心血的结晶。原来，只有线圈在磁场上运动的一刹那才有电流。

接着，法拉第又做了几10个类似的实验，每次都得到相同的结果。他想，第一个线圈刚通电时，铁环有一个变成磁铁的过程，相当于向第二个线圈中插进一块磁铁；断开电流时，铁环的磁性消失，相当于从第二个线圈中抽出一块磁铁，也就是

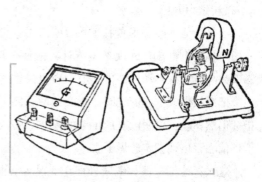

世界上第一台发电机

说，磁铁在线圈中进进出出的运动，会使线圈中产生电流。为了证明这个设想，他又用一根26厘米长的永久磁铁，在一个空心线圈中一进一出地运动，线圈中果然产生了电流。运动的磁能产生电流！法拉第终于找到了电磁之谜的这个谜底。但他没有停止实验；他要利用这个发现，制造出一个应用磁铁产生电流的装置。

他找来了一个马蹄型的大磁铁，在磁铁的两极之间，插入一块能旋转的铜板圆盘，铜盘的中心轴连接一根导线，铜盘的边缘与另一根导线保持接触，两根导线再连接到电流计上。待一切准备好后，他用手转动铜盘中心轴的摇柄，使铜盘在两个磁极之间飞快地旋转起来，而电流计的指针也开始摆动。他将铜盘转得越快指针偏转得越厉害；铜盘不停转，指指就继续保持在一定位置。这就是法拉第利用磁感应生电的原理创造出的世界上

第一台发电机。

正当大家为此赞不绝口时，一位贵妇人在旁以取笑的口吻问："先生，你发明的这玩艺儿有什么用？"

法拉第沉思片刻，微微一笑："夫人，请问新生的婴儿又有什么用呢？"随之，人群中爆发出一阵欢笑——电气化时代的"宝宝"在法拉第手中诞生了。

蒸汽机的发明

詹姆斯·瓦特，1736 年 1 月 19 日生于苏格兰林诺克市的一个木匠家里。在教会学校读书时，瓦特最喜欢物理和数学，他的物理和数学成绩之佳和其他科目成绩之差的巨大反差，使好多老师和同学们感到吃惊。瓦特的父亲十分崇拜牛顿，在家里挂着牛顿的画像，这使瓦特从小就萌生找机会接受高等教育，做个牛顿那样的人的愿望。

1763 年，这已经是瓦特到格拉斯哥大学担任大学机械技师的第 6 个年头了。这次，格拉斯哥大学从伦敦买回一台纽康门蒸汽机模型供演示实验用，但经常运转不灵。瓦特受安塔逊教授的委托，修理这台纽康门气压蒸汽机模型。

安塔逊教授之所以心急火燎地从伦敦赶回来，就是因为他忘记告诉瓦特使用模型的准确时间了。在格拉斯哥大学，耽误了上课可不是闹着玩儿的。

詹姆斯·瓦特

在接触纽康门蒸汽机模型之前，瓦特对有关蒸汽机的知识知道的并不多。只是在两年前，他曾用帕平研制的蒸汽锅协助布莱克教授进行过高压蒸汽实验。蒸汽机模型一运到实验准备室，好奇心使从小就是机械迷的瓦特跃跃欲试，没等安塔逊教授吩咐，就立即着手拆装和修理它了。半个多月来，蒸汽机迷住了瓦特，使他达到废寝忘食的地步。

晚上，瓦特躺在格拉斯哥城郊大学公寓里，久久不能入睡，满脑子都是纽康门蒸汽机。他拧亮了煤气灯，拿起白天从图书馆收集来的有关蒸汽机的资料，仔细地阅读，又开始琢磨起来……

早在公元 100 年左右，埃及的亚历山大城有一位学者希罗，制造了一种按照喷射反作用原理动作的蒸汽发动机雏形。第一部活塞式蒸汽机是 1690 年由法国人帕平在德国发明的。他是第一个指出了蒸汽机的工作循环的人，为以后活塞式蒸汽机的发展开辟了道路。

17 世纪末，随着矿产品需求量的增大，矿井越挖越深，英国的许多矿井遇到了严重的积水问题。当时一般只有靠马力转动辘轳来排除积水。针对这一情况，英国皇家工程队的军事工程师塞维利大尉研制了蒸汽泵。这是一种没有活塞的蒸汽机，尽管该机燃料消耗很大，也很不经济，但它是人类历史上能实际应用的第一部蒸汽机。

1705 年，英国一个铁匠纽康门，综合了前人的技术成就，设计制成了一种更为实用的气压式蒸汽机。它实现了用蒸汽推动活塞做一上一下的直线运动，每分钟往返 12 次。每往返一次可将 45.5 升水提高到 46.6 米。当时的纽康门蒸汽机主要用于深矿井排水。

然而，纽康门蒸汽机有重大的缺陷，它不仅效率

蒸气机模型

低，做功时需要大量的燃煤，而且只能做简单的往复运动。所以，其使用范围受到限制。人们渴望获得新型的蒸汽机。

瓦特边看边琢磨，越琢磨越睡不着觉了，平素他犟脾气一上来，非马上问个究竟，可以几夜不寐。今晚，也不知是他第几次发犟脾气了，看来，为了弄清这台蒸汽机的工作原理，他又要开夜车了。

第二天，瓦特立即着手工作。首先，他开始研究纽康门蒸汽机的动作方式，分解其动作步骤。锅炉产生的蒸汽进入汽缸内，活塞被压起。接着通过向汽缸内喷水、冷却，使蒸汽凝缩，制成真空。这样，施加在活塞上的大气压将其压下，与活塞杆相连接的泵的活塞被拉起，就可以从矿坑内吸上水来。瓦特注意到，在蒸汽机锅炉里产生的蒸汽量，只够活塞几次工作所用，然后，机器需要等候锅炉将蒸汽积蓄起来，才能开始重新工作。通过进一步观察研究，瓦特又发现，用蒸汽加热汽缸，再用水冷却，是不合理的。汽缸由热变冷，再由冷变热需耗费很多时间。

怎样才能保持汽缸的原有热量，还能使蒸汽凝缩呢？瓦特苦苦地思索这一问题，很长时间得不到答案。这使他茶饭不思，打不起精神来。

格拉斯哥大学校门外，左边是一大片绿草如茵的平地；右边是一个波平如镜的小湖。一天，瓦特漫步在草坪上，不时地把目光投在天空中远去的白云，若有所思。突然一个奇异的想法涌上脑际。这个想法仿佛是打开问题的钥匙，好象是上帝给他送来的及时雨似的。瓦特豁然开朗了。蒸汽是有弹性的物体，所以，可以使其进入真空。如果将汽缸和排气容器相连接的话，蒸汽就可以进入容器内，无需再冷却汽缸，蒸汽就可以冷缩，同样完成纽康门蒸汽机的工作。

经历多次实验和修改，问题终于解决了。蒸汽并不需要直接在汽缸里凝聚，而是在与汽缸相连接的另一个容器里凝聚。瓦特发明了冷凝器，在科技发展史上奠定了蒸汽机实用化的坚实基础。不久，他又设想将汽缸两端加盖封闭起来，就可以实现蒸汽机的二冲程运动。将二冲程直线运动转变成循环圆周运动，就容易多了。巧妙的设想为瓦特打开了走向成功的大门。

在瓦特时代，英国的工业界还很少有人能够按着比较复杂的机器图纸，准确无误地加工各种机器部件，甚至连加工常用的机床也还不很精确。按照瓦特设想制造的蒸汽机样机以失败告终，这使得瓦特一贫如洗。瓦特为了完成自己的设计几乎变卖了所有值钱的东西。

瓦特遭到了多次失败，并没有灰心气馁，顶着许多人的嘲笑，为完善自己的发明继续孜孜不倦地工作着。

一天，通过好友布莱克教授的介绍，瓦特结识了发明镗床的威尔金森技师。这位技师为瓦特苦心钻研精神所感动，他决定帮助瓦特，用他拿手的镗炮筒的技术来为瓦特加工汽缸和活塞，解决了蒸汽机的漏气问题。瓦特距离胜利的顶峰更近了。威尔金森加工的汽缸和活塞可谓无以伦比，它使瓦特又越过了一道技术难关，终于制成了第一台新型蒸汽机样机，运行正常达到设计的要求，获得了一致的好评。

瓦特并没有满足取得的成绩，不久又投入了新的研制工作。这需要他解决许多技术难题，又要吃苦了。不久，瓦特又找到了一个重要的合作者威廉·默多克，更使瓦特如虎添翼，研制进度骤然加快。默多克是一个高级机械加工技师，什么东西到了他的手里，都会变成你所想要的样子。他既能解决技术难题，又富有很强的进取心，常常为了工作而忘记一切。

那是1785年，圣诞节的晚上。格拉斯哥城到处都沉浸在节日的气氛里。瓦特心里惦记着尚未完工的蒸汽机，跑到了试验车间。穿过工厂院子时，瓦特看到车间窗子透出的灯光。原来是车间主任默多克在加班。默多克工作认真，从来不愿拖延工作，即使圣诞节也不例外。他到工厂加班是为了连夜加工安装伦敦抽水站的机器零件。

两个人很快就结束了工作，度过了一个奇异的圣诞节。这时，瓦特又走到制图板前面。

"请过来，默多克！"

默多克走近制图板。

瓦特画了个汽缸。

"我想使蒸汽从两端进去推动活塞，从上面关闭汽缸，并把蒸汽输送到这里。对此您是怎么看的呢？"

默多克没做声。瓦特接着又往下画。

"现在汽缸活塞是上下直线运动，我想通过连在大轮上的一个轴改变直线运动。瞧，就是这样！用这样的方法我们可以变直线运动为循环运动。大轮的惯性推动活塞通过死点，就是这儿。"他演示着，"您看如何，默多克？"他又接着问。

"就是说需要做一个新样机。"默多克回答。

"毫无疑问。"瓦特用肯定的语气回答。他又接着问：

"什么时候开始？"

"立刻。"默多克回答很干脆。

"立刻……那好吧，立刻。"瓦特兴奋得语无伦次。

瓦特以狂热的激情投身于工作。他浇铸铜锭、锻造铜件、为汽缸钻孔，接着又车活塞、轴和轴承。原来设计的机器还未竣工，新的样机又开始投入研制，这就是瓦特的性格。

默多克也忙个不停，把炉火烧旺，擦净铸件，开动车床，站在他身旁的瓦特感到吃惊：身材魁梧的默多克竟然能干出最精细、准确的小活儿。一旦投入工作就始终不渝，这是默多克的脾气。

四个星期之后，新样机以崭新的面目和人们见面了，就等待试车了。一切就绪以后，瓦特用他那只因激动而颤抖的手，缓缓地拧开了通向蒸汽机的导气阀。工作状况正常，一切达到预期的效果。瓦特和默多克四只沾满油泥、乌黑的手紧紧握在了一起，成功的喜悦鼓舞了瓦特和默多克。

随即，瓦特又开始向带自动调速器的蒸汽机进军。他一心想彻底完善他的蒸汽机。瓦特从来不愿意说空话，只是默默地工作。所有机器的重要部件他都要亲自参与制造。他既是设计师，又是翻砂工；既是车工，又是钳工。每一道工序和每一个细节，都留下了瓦特的辛劳和汗水。

默多克领着10多个格拉斯哥技术最好的工人，同瓦特一起工作。瓦特的研制工作，吸引了格拉斯哥的能工巧匠。默多克把他们组成了攻无不克的加工小队。

经过一年多的顽强努力，机器逐渐安装好了。

终于，瓦特拧好了最后一个螺母，接着干脆把扳手扔到一旁。然后，长长地吸进了一口气，又徐徐地吐了出来。

"哎，默多克，要是我们现在有蒸汽那该多好啊，那我们就可以当场试验这台机器了。"

"有蒸汽。"

"现在，深更半夜？"

"是的，只要点上火，不消一刻钟我们就会得到所需要的蒸汽压力。"

沉默寡言的默多克说完，带着几个工人走了。静悄悄的车间里，瓦特独自一人面对着机器陷入了回忆的思绪之中。他回想起生养他的苏格兰林诺克小镇，想起爸爸繁忙的造船小工场，想起在机械加工专家摩根门下的学徒生活，更想起妻子米拉的热心支持和鼓励……

不大一会，默多克回来了。

"詹姆斯，一切都准备就绪了。试车吧！"

瓦特又一次把手放在进气阀门的刹把上。此刻，他倒觉得有些胆怯了。假如此时上帝有意要和他的蒸汽机作对，假如设计中有错误而被忽略了，假如汽缸壁和调速轮等部件上出现难以发现的裂纹，那该如何是好呢？一时间，一向果断、刚毅的瓦特显得有些缩手缩脚了。

现在，只要转动阀门的刹把，高压的蒸汽就会猛力地冲入汽缸。要么失败，要么成功，瓦特想了许多。最后，瓦特还是坚定地转动了阀门手柄。随着一阵震耳欲聋的巨大声响，高压蒸汽进入了汽缸。透过气缸缝隙冒出的吱吱作响的气雾，瓦特凝视着铁青脸色的默多克。工人们也屏住了呼吸。几分钟之后，蒸汽笼罩了整个机器和试验车间，灯光更加显得暗淡微弱了……

瓦特觉得他的心简直快要跳到嗓子眼了。

机器依旧纹丝不动。

透过气雾，他看见默多克双手在调整调速轮。终于，活塞开始上下缓慢地运动了，吱吱声中断，接着活塞开始加速运动。通过曲柄和连杆的作用，一进一退的直线运动正在变成缓慢而平稳的转动。

瓦特僵直地钉在地上，嘴里像是被棉花堵住了似的，吐不出来又咽不下去。瓦特双手创造出来的机器倒把他自己给迷住了。默多克想用手使劲将调速轮刹住，但是轮子却把他的手推向一旁。他急了，使出全身的力气

146

再加上几个身强力壮的工人，也做不到这一点。"这就是力量!"他大声地叫道。瓦特兴奋地点了点头。工人们欢呼起来，叫喊着跑出了车间。

"比水的力量大，它还可以加大，到处都可以用它。我想，有一天人们可以把机器安在马车上，不必套上马。车子就可以跑起来；或者将它安在航船上，逆风无帆，船儿也能漂洋过海，遍游四方。但是，我认

蒸汽机火车

为，它可以大大地减轻工人的劳动，给他们带来更多的闲暇时间。对此，你认为怎么样，默多克?"

"到那时，全世界就会变得更美好，亲爱的詹姆斯。这不正是你一直所希望的吗!"

两位老朋友幸福地畅谈着未来，憧憬着蒸汽机将给人类带来的益处。这时，太阳已悄悄地露出了笑脸，仿佛也在祝福这一对科学开拓者。从此，一个震撼文明世界的"蒸汽时代"开始了。

杂交水稻之父

饥饿是人类的天敌。自从诞生的那一瞬间开始，人类就为了获得足够的食物而努力着。但是，在人类发展漫漫长河中，饥饿却一直威胁人类的生命安全。这种状况直到20世纪70年代才得到改善。改善这种状况的人就是被世界各国誉为"杂交水稻之父"的中国科学家袁隆平。

袁隆平，1930年9月1日生于北平（今北京），汉族，江西省德安县人，无党派人士，现在居住在湖南长沙。他是中国杂交水稻育种专家，中

国工程院院士。现任中国国家杂交水稻工作技术中心主任暨湖南杂交水稻研究中心主任、湖南农业大学教授、中国农业大学客座教授、联合国粮农组织首席顾问、世界华人健康饮食协会荣誉主席、湖南省科协副主席和湖南省政协副主席。2006 年 4

袁隆平

月当选美国科学院外籍院士，被世界誉为"杂交水稻之父"。国际水稻研究所所长、印度前农业部长斯瓦米纳森博士高度评价说："我们把袁隆平先生称为'杂交水稻之父'，因为他的成就不仅是中国的骄傲，也是世界的骄傲，他的成就给人类带来了福音。"

1953 年，袁隆平毕业于西南农学院。1964 年开始研究杂交水稻，1973 年实现三系配套，1974 年育成第一个杂交水稻强优组合南优 2 号，1975 年研制成功杂交水稻制种技术，从而为大面积推广杂交水稻奠定了基础。

1980 ~ 1981 年，袁隆平赴美任国际水稻研究所技术指导。1982 年任全国杂交水稻专家顾问组副组长。1985 年提出杂交水稻育种的战略设想，为杂交水稻的进一步发展指明了方向。1987 年任 863 计划两系杂交水稻专题的责任专家。1991 年受聘联合国粮农组织国际首席顾问。1995 年被选为中国工程院院士。1995 年研制成功两系杂交水稻，1997 年提出超级杂交稻育种技术路线，2000 年实现了农业部制定的中国超级稻育种的第一期目标，2004 年提前一年实现了超级稻第二期目标。

看着这一连串的成就，大家一定以为袁隆平培育杂交水稻之路一直顺利而平坦。其实，袁隆平教授培育杂交水稻之路充满了坎坷和艰辛。

1960 年袁隆平从一些学报上获悉杂交高粱、杂交玉米、无籽西瓜等，都已广泛应用于国内外生产中。这使袁隆平认识到：遗传学家孟德尔、摩尔根及其追随者们提出的基因分离、自由组合和连锁互换等规律对作物育种有着非常重要的意义。于是，袁隆平跳出了无性杂交学说圈，开始进行水稻的有性杂交试验。

1960 年 7 月，他在早稻常规品种试验田里，发现了一株与众不同的水稻植株。第二年春天，他把这株变异株的种子播到试验田里，结果证明了去年发现的那个"鹤立鸡群"的稻株，是地地道道的"天然杂交稻"。他想：既然自然界客观存在着"天然杂交稻"，只要我们能探索其中的规律与奥秘，就一定可以按照我们的要求，培育出人工杂交稻来，从而利用其杂交优势，提高水稻的产量。这样，袁隆平从实践及推理中突破了水稻为自花传粉植物而无杂种优势的传统观念的束缚。于是，袁隆平立即把精力转到培育人工杂交水稻这一崭新课题上来。

在 1964 年到 1965 年两年的水稻开花季节里，他和助手们每天头顶烈日，脚踩烂泥，低头弯腰，终于在稻田里找到了 6 株天然雄性不育的植株。经过两个春秋的观察试验，对水稻雄性不育材料有了较丰富的认识，他根据所积累的科学数据，撰写成了论文《水稻的雄性不孕性》，发表在《科学通报》上。这是国内第一次论述水稻雄性不育性的论文，不仅详尽叙述水稻雄性不育株的特点，并就当时发现的材料区分为无花粉、花粉败育和部分雄性不育三种类型。

从 1964 年发现"天然雄性不育株"算起，袁隆平和助手们整整花了 6 年时间，先后用 1000 多个品种，做了 3000 多个杂交组合，仍然没有培育出不育株率和不育度都达到 100% 的不育系来。袁隆平总结了 6 年来的经验教训，并根据自己观察到的不育现象，认识到必须跳出栽培稻的小圈子，重新选用亲本材料，提出利用"远缘的野生稻与栽培稻杂交"的新设想。在这一思想指导下，袁隆平带领助手李必湖于 1970 年 11 月 23 日在海南岛的普通野生稻群落中，发现一株雄花败育株，并用广场矮、京引 66 等品种测交，发现其对野败不育株有保持能力，这就为培育水稻不育系和随后的"三系"配套打开了突破口，给杂交稻研究带来了新的转机。

是将"野败"这一珍贵材料封闭起来，自己关起门来研究，还是发动更多的科技人员协作攻关呢？在这个重大的原则问题上，袁隆平毫不含糊、毫无保留地及时向全国育种专家和技术人员通报了他们的最新发现，并慷慨地把历尽艰辛才发现的"野败"奉献出来，分送给有关单位进行研究，协作攻克"三系"配套关。

　　1972 年，农业部把杂交稻列为全国重点科研项目，组成了全国范围的攻关协作网。1973 年，广大科技人员在突破"不育系"和"保持系"的基础上，选用 1000 多个品种进行测交筛选，找到了 1000 多个具有恢复能力的品种。张先程、袁隆平等率先找到了一批以 IR24 为代表的优势强、花粉量大、恢复度在 90% 以上的"恢复系"。

　　1973 年 10 月，袁隆平发表了题为《利用野败选育三系的进展》的论文，正式宣告我国籼型杂交水稻"三系"配套成功。这是我国水稻育种的一个重大突破。紧接着，他和同事们又相继攻克了杂种"优势关"和"制种关"，为水稻杂种优势利用铺平了道路。

　　1976 年，袁隆平培育出的杂交水稻在全国范围内推广。当年，中国水稻的产量震惊了世界。在推广杂交水稻之前，较好的土地亩产也不过 400 千克。而袁隆平教授培育的杂交水稻平均亩产则达到了 500 千克以上。

　　20 世纪 90 年代后期，美国学者布朗抛出"中国威胁论"，撰文说到 21 世纪 30

大面积推广的杂交水稻

年代，中国人口将达到 16 亿，到时谁来养活中国，谁来拯救由此引发的全球性粮食短缺和动荡危机？这时，袁隆平向世界宣布："中国完全能解决自己的吃饭问题，中国还能帮助世界人民解决吃饭问题"。其实，袁隆平早有此虑。早在 1986 年，就在其论文《杂交水稻的育种战略》中提出将杂交稻的育种从选育方法上分为三系法、两系法和一系法三个发展阶段，即育种程序朝着由繁至简且效率越来越高的方向发展；从杂种优势水平的利用上分为品种间、亚种间和远缘杂种优势的利用三个发展阶段，即优势利用朝着越来越强的方向发展。根据这一设想，杂交水稻每进入一个新阶段都是一次新突破，都将把水稻产量推向一个更高的水平。1995 年 8 月，袁隆平郑重宣布：我国历经 9 年的两系法杂交水稻研究已取得突破性进展，可以在生产上大面积推广。正如袁隆平在育种战略上所设想的，两系法杂交水稻确实表现出更好的增产效果，普遍比同期的三系杂交稻每公顷增产 750 – 1500 千克，且米质有了较大的提高。至今，在生产示范中，全国已累计种植两系杂交水稻 1800 余万亩。1998 年 8 月，袁隆平又向新的制高点发起冲击。他向时任国务院总理的朱镕基提出选育超级杂交水稻的研究课题。朱总理闻讯后非常高兴，当即划拨 1000 万元予以支持。袁隆平为此深受鼓舞。在海南三亚农场基地，袁隆平率领着一支由全国十多个省、区成员单位参加的协作攻关大军，日夜奋战，攻克了两系法杂交水稻难关。经过近一年的艰苦努力，超级杂交稻在小面积试种获得成功，亩产达到 800 千克，并在西南农业大学等地引种成功。目前，超级杂交稻正走向大面积试种推广中。

■ 啤酒的故事

啤酒"beer"这个词来自意为"大麦"的德文。大麦是酿造啤酒的主要原料。啤酒是我们日常生活中最常见的饮料之一。你知道啤酒的历史及酿造过程吗？

啤酒酿造的历史很久远，大约与谷物生产有着同样古老的历史，在古代农村旧址出土的粘土罐中发现的发酵谷物就是证据。很多历史学家认为，最初的谷物啤酒酿造于公元 5000 年以前，是由古巴比伦和埃及人酿造的。

在历史上，地方统治者常制定管理啤酒质量的法律。因为当时认为坏啤酒是假货，对健康有害。德国长期以来有管理啤酒酿造的严格规章，15 世纪和 16 世纪实行过一些极端的惩罚措施：如鞭打、流放甚至处死那些生产或销售坏啤酒的人。直到现在，德国人把啤酒限制为大麦、啤酒花藤、酵母和水制成的饮料。由于啤酒质量的严格要求，使这种饮料比很多地方的饮用水更安全。在德国，很多人以饮啤酒代替饮水。

印第安人曾使用过一种独特的方法来酿造啤酒，叫做发酵玉米糊法。

方法是：把玉米放入嘴里嚼碎，和唾液混合在一起，变成糊状物，然后从嘴里吐出后放入一只大容器内发酵。发酵是因为唾液中淀粉酶把一些玉米淀粉转化为糖，糖又被空气中和植物上的酵母作用而发霉。拉丁美洲的印第安人，现在仍然用此法，采用木薯淀粉来酿造啤酒。虽然很多早期移居美洲的人很喜欢喝啤酒，但是没有什么人肯用印第安人的方法来酿造啤酒。

啤 酒

19 世纪末和 20 世纪初，营养科学有很多重要发现。美国科学家戈尔德巴格在整个 20 世纪 20 年代和 20 世纪 30 年代初，为使人们相信一种很严重的皮肤粗糙病，是由于缺乏一种或多种营养素造成的，而不是由传染性物质或遗传所造成的这一事实，做了大量的艰苦的工作。在他的努力下，公共卫生护理人士向美国东南部人们发出了吃酿酒酵母菌的倡议，但当时他们并没有意识到，啤酒本身可提供丰富的治疗皮肤粗糙病的维生素尼克酸。

第二次世界大战后，在德国，医学家们研究了啤酒酵母的营养价值，从此，酿酒开始了造福于人类历史的最新篇章。医学家们发现，啤酒酵母菌中含有硒和铬等人体必需营养素。长期以来，啤酒酵母这一最有营养的酿酒副产品，一直用于饲养家畜，而人们吃了这些动物食品又间接受益。这使人想到：如果酿造啤酒时，减少过滤和澄清以保留更多的酵母，人类可以更直接地从啤酒中得到更多的营养了。